T0243524

Viaje a tu cerebro

Gema Climent

Viaje a tu cerebro

Factores clave y desafíos de la salud cognitiva en la mediana edad

Penguin
Random House
Grupo Editorial

Primera edición: enero de 2024

© 2024, Gema Climent Martínez
© 2024, Penguin Random House Grupo Editorial, S. A. U.,
Travessera de Gràcia, 47-49. 08021 Barcelona

Printed in Spain – Impreso en España

ISBN: 978-84-666-7729-5
Depósito legal: B-19.384-2023

Compuesto en Llibresimes, S. L.

Impreso en Liberdúplex
Sant Llorenç d'Hortons (Barcelona)

BS 7 7 2 9 5

Índice

PRIMERA PARTE
CONOCER PARA ABORDAR

SEGUNDA PARTE
LA MEDIANA EDAD

Este libro está dedicado a quienes me precedieron, dejando legados y lecciones, y a aquellos que van por delante orgullosos y que, con su perspectiva, guían mis pasos hacia una mejor comprensión del mundo.

A mis amigas, por su capacidad inquebrantable de acomodarse a las circunstancias y reinventarse. Por ser un reflejo de adaptación y fortaleza en medio de los cambios, formando un espejo donde nos miramos y cuidamos mutuamente.

A los que ven el mañana de manera positiva, que sienten que hoy es mejor que ayer, que creen que podemos hacer mucho por cambiar, y que son ejemplos de la resistencia y la elegancia del espíritu humano.

A Irene, Ur, Ibai, Noa y Mar. A los jóvenes.

Nadie es como otro. Ni mejor ni peor. Es otro. Y si dos están de acuerdo, es por un malentendido.

JEAN-PAUL SARTRE

Introducción

En la encrucijada entre la juventud y la edad de sentirnos mayores —en la que trabajamos más de lo que querríamos—, se encuentra un escenario de estrés, hormonas, hijos, divorcios, padres, amistades y, en general, descubrimiento y redescubrimiento. Hablamos de la mediana edad, un periodo en el que no dejamos de evolucionar, adaptarnos y valorar, pero en el que, aunque nos ofrezcan oportunidades para crecer y aprender, a veces no terminamos de ver la riqueza cognitiva de esta etapa de la vida. O negamos sus dificultades, que tampoco es demasiado bueno. La mediana edad ha sido históricamente envuelta en estereotipos y malentendidos. Para muchos, es una época de crisis existenciales, de pérdida de vigor y de declive. Sin embargo, la realidad es que esta fase ofrece numerosas posibilidades y talentos para explorar y desarrollar.

El propósito de este libro no es ser una enciclopedia que explique términos como «plasticidad», «estimulación activa» o «edadismo social», sino que busca profundizar en el reconocimiento y el desarrollo del autoconocimiento de nuestras funciones cognitivas. Aceptar, reconocer y actuar. Aceptar que hay cambios cognitivos, pero no dejar que el miedo y la desidia nos paralicen. Reconocer que, aunque estos cambios pueden afectar a tareas cotidianas, con el conocimiento y las estrategias adecuadas podemos redefinir y potenciar nuestras capacidades.

El título que hemos elegido, *Viaje a tu cerebro*, es una invitación a redescubrir el poder y el potencial del cerebro en la mediana edad, a rechazar los prejuicios y estigmas asociados a la madurez y a valorar las fortalezas únicas de esta etapa vital.

Respecto a mí, siempre he sido de las que prefiere perderse en un libro antes que escribir uno, y lo único que he escrito hasta ahora han sido manuales y artículos científicos, presentaciones empresariales, tesis y proyectos de investigación y desarrollo. Así que la idea de escribir un libro divulgativo sobre este asunto y el reconocimiento de que mi cerebro vive más en lo abstracto que en los hechos concretos me abrumaba un poco. Pero también me encanta pensar «cómo sería si...», y siempre termino preguntándome: «¿Esto realmente funcionaría?». Por eso, a veces, llamo a mis ideas «ficción»: ya sea política ficción, educación ficción o cualquier otro tipo de ficción más allá de la ciencia. Es como si creara pequeñas historias o mundos donde ciertas ideas cobran vida y tienen un lugar, aunque no sea en este tiempo y espacio. Creo que es una forma de resolver. Es como estar en una balanza entre lo que desearía que fuera y lo que realmente es. Pero, por supuesto, esto tampoco te da todas las respuestas, ni siquiera una gran parte, aunque imaginarlo es la clave para resolverlo. También siento la necesidad de poner los pies en la tierra y valorar si las ideas de verdad tienen cabida en el mundo real. Por mucho que me encante perderme en historias y mundos imaginarios, he tenido la necesidad constante de poner a prueba mis ideas y ver si funcionan en la práctica. No siempre he acertado, pero cuando lo he hecho reconozco que ha estado muy muy bien. Eso se llama «innovación», y es una tarea difícil, y esa dualidad entre el mundo de las ideas y la necesidad de validación es lo que me apasiona de la ciencia de la conducta. Aunque disfruto imaginando cómo sería si..., al final del día quiero saber: «¿Esto realmente podría ser?». En el mundo de la construcción y el ingenio sucede lo mismo: lo que validará tu innovación será la conducta humana, por qué y de qué manera servirá esta para que el ser humano lo quiera, lo necesite.

Por eso, a pesar de mis gustos narrativos y literarios, soy más científica que escritora.

En el ámbito de la construcción de los test neuropsicológicos, a lo que me dedico desde hace quince años, he intentado comprender cómo procesa la información el cerebro humano. Primero evalué durante muchos años, luego me propuse evaluar mejor. Porque procesar es entender y responder. Gran parte de este trabajo ha tenido como centro a personas afectadas de alguna discapacidad, trastornos del neurodesarrollo, daño cerebral o demencia. Sin embargo, solo después de evaluar a muchos de estos pacientes, empecé a percibir la riqueza y profundidad de la diversidad cognitiva también en personas consideradas «normales».

Quizá estés pensando: «Bueno, eso es obvio. Cada persona es única», un pensamiento que se ha expresado de muchas formas a lo largo de la historia. No obstante, lo que me propuse fue acotar esa noción general. La diversidad cognitiva no son solo diferencias culturales, raciales, de género, de orientación sociosexual, edad o socioeconómicas. La verdadera diversidad cognitiva radica en cómo cada individuo procesa la información y ve el mundo debido a una variedad de factores: desde nuestra genética hasta nuestro entorno, y pasando por las diferentes etapas de la vida que experimentamos, la mayoría de las cuales son consideradas completamente normales y muy parecidas. Por tanto, ¿por qué no estudiamos la diversidad cognitiva más a fondo?

Ciertos momentos vitales pueden intensificar o disminuir algunas funciones cognitivas, no por una patología subyacente, sino por las simples circunstancias que vivimos. El cerebro se va modificando y nosotros también. Estos factores, que a menudo se pasan por alto, son cruciales para comprender cómo percibimos el mundo y cómo nos comportamos. Por consiguiente, es hora de sumergirnos más profundamente en esta diversidad cognitiva, de explorarla y verla desde un punto de vista crítico, ya que es una parte integral de la condición humana y define nuestra comprensión de nuestro entorno y nuestra dirección conductual.

En este libro la idea general es, por una parte, explorar

las funciones cognitivas para saber de qué estamos hablando, y por otra, conocer más a fondo lo que ocurre en la mediana edad, qué cambios vamos a observar, cómo los podemos abordar y en qué medida es posible compensarlos, sustituirlos o estimularlos. Pido disculpas por la simplificación en la explicación de muchas funciones y por la falta de ejemplos extensos.

En cuanto a mí, tengo cincuenta y dos años, por lo que exactamente estoy en el centro de la mediana edad, en el momento en que los test que hago y los que no hago yo, me devuelven a la cara y sin contemplaciones el declive de la atención, la función ejecutiva y la memoria. Este hecho, además de que conozco bastante bien mi procesamiento cognitivo, hace que note ese declive. Si a esto sumamos un ofrecimiento por parte de Penguin Random House de profundizar más en este tema, he aquí los motivos que me han llevado a adentrarme en el bosque de la neuropsicología de la salud, de modo que el interés profesional se ha convertido también en una cuestión personal. Cuando eso sucede, podemos desarrollar la labor con una mayor motivación, aunque quizá con un elevado sesgo.

En el ámbito de la investigación, desde la primera década del siglo XXI hay una fuerte controversia sobre si en la mediana edad existe realmente un comienzo de deterioro cognitivo, o si ya se da durante la veintena o la treintena. Yo prefiero llamarlo «declive» o simplemente «cambio». Hasta entonces se mantenían las premisas de que los diferentes resultados de los estudios afirmaban que, salvo excepciones, sucedía a partir de los sesenta, pero dependían más de la variabilidad de los sujetos estudiados que de la edad de comienzo en sí.

La pregunta clave es: «¿Cuándo empieza el deterioro cognitivo causado por la edad?». Las respuestas son múltiples, pero, en los últimos años —hago *spoiler*—, los resultados dicen algo así como que no se trata tanto de un deterioro, aunque hay muchos ámbitos en los que los adultos ya no pueden competir con los más jóvenes, por ejemplo, la atención, la función ejecutiva y el procesamiento (lentitud de procesamiento). Por ello, vamos a dejar de llamarlo «deterioro» y denominarlo «declive».

Bien, hemos cambiado un poco la terminología, aunque a mí me sigue sonando a algo «no bueno». Algunos investigadores advierten que estos cambios pueden ser notorios, pero no son una caída a una peor función, sino modificaciones del proceso cognitivo. ¿Le llamaríamos entonces «cambio»? ¿Podríamos afinar un poco más?

El envejecimiento es un proceso natural que todos experimentamos con suerte, si no, es que algo «no bueno» ha ocurrido. A medida que pasa el tiempo, es lógico esperar ciertos cambios en nuestras capacidades cognitivas. Sin embargo, el enfoque de deterioro o declive a menudo omite una parte crucial de la imagen: la acumulación de experiencia y conocimiento, aunque tampoco sabemos cómo se combinan esos términos.

En realidad, creo que, so pena de que este libro quede obsoleto en tres años, lo que sería muy positivo, ahora mismo la evidencia parece apuntar a, por una parte, que en atención, memoria y función ejecutiva las diferencias entre adultos jóvenes y personas de mediana edad son claras, y por otra, que las ventajas de la mediana edad sobre los jóvenes no lo son tanto. Esto se traduce en que: «Vale, tú eres más rápido, más listo, más fuerte, atiendes mejor y procesas mejor... Pero yo soy más sabio». No es una buena comparación. Datos objetivos contra concepto-pretexto. Además, ¿qué es la sabiduría? Se trata, pues, de una argumentación invalidada.

Es de agradecer los estudios que se han enfocado en esas variaciones, y más sabiendo que la gran base de test neuropsicológicos de evaluación está muy orientada a buscar patologías (por tanto, poco orientados a valorar la diversidad de un cerebro sano). Por otro lado, los test normalmente tienen un «efecto techo» grande, es decir, que una vez llegas a una determinada puntuación, ya no miden más.

Puntos importantes que considerar serían, en primer lugar, la reconceptualización del «declive». Es esencial entender que, mientras algunas habilidades pueden disminuir, otras pueden mejorar o simplemente cambiar su naturaleza. Por ejemplo, si bien es posible que la velocidad de procesamiento se ralentice, las habilidades como el razonamiento verbal o el conocimiento general a menudo se mantienen o incluso mejoran con la edad. En segundo lugar, tenemos la posibilidad de compensación. A medida que maduramos, nuestros cerebros desarrollan nuevas estrategias para compensar las áreas donde nuestra cognición puede haber disminuido. Esta reorganización cerebral nos permite manejar tareas complejas de maneras diferentes y a veces más eficientemente que los más jóvenes.

En tercer lugar, quiero incidir sobre los beneficios de la madurez. Así, aunque puede haber áreas donde los adultos jóvenes superan a los de mediana edad, las personas mayores tienen con frecuencia ventajas en términos de habilidades interpersonales, regulación emocional y resolución de problemas basadas en experiencias pasadas. La experiencia es el motor del cambio. El factor experiencia y conocimiento acumulados a lo largo de los años puede ofrecer ventajas significativas, aunque ya veremos cuáles y de qué forma, y en algunos casos esto puede superar las desventajas de los cambios cognitivos relacionados con la edad. Eso es lo que podríamos, en un momento dado, argumentar como sabiduría, pero si contrarrestamos con datos, mejor. El cerebro, nosotros, tenemos capacidad para adaptarnos y cambiar, incluso en edades avanzadas, y a través del aprendizaje continuo y la exposición a nuevas experiencias, es posible seguir fortaleciendo y adaptando nuestra cognición.

Esto no es una pelea intergeneracional, ni mucho menos. El futuro es de los que ahora tienen menos años, como es lógico, y me encantaría dirigirme a ellos para decirles muchas cosas que deberían aprovechar y muchas otras de las que deberían disfrutar. Me gustaría que supieran que los respetamos y los queremos, y que lo que deseamos es que sean mejores personas que nosotros. Me gustaría que les enseñásemos a usar mejor su cerebro y a superar sus picos de estrés, de los que van servidos entre hormonas y dudas existenciales; decirles que todo eso pasará y que mañana será mejor que hoy. Pero también hay una alta probabilidad de que por un oído les entre y por otro les salga.

Volviendo a los de nuestra generación, lo que es un consenso claro es que factores como el estrés, la falta de sueño, la salud física y las preocupaciones emocionales pueden influir en la función cognitiva más que la edad en sí. Por tanto, además de cambiar la narrativa de «deterioro» a «declive», o incluso a «modificación del proceso cognitivo», debemos tener en cuenta que, también a nosotros, el estrés, los cambios físicos, las menopausias y las cargas vitales pueden afectarnos puntualmente en nuestra cognición, y en este caso puede que esta no sea tan robusta. De cualquier manera, este enfoque sería más equilibrado y refleja mejor la naturaleza dinámica y adaptativa del cerebro humano.

Respecto a lo que comentaba más arriba sobre las limitaciones y la naturaleza de los test, muchos test cognitivos están diseñados para medir habilidades específicas, como la memoria de trabajo, la atención o la velocidad de procesamiento. Y si bien es cierto que ciertas habilidades, como la velocidad de procesamiento, tienden a disminuir con la edad, otros aspectos de la cognición, como el conocimiento semántico o las habilidades verbales, pueden permanecer estables y hasta mejorar. Por ende, es esencial mirar el panorama completo y no centrarse únicamente en las áreas de «declive».

Aunque en la última década la psicometría ha avanzado mucho, nos faltan test cognitivos que midan grados de adaptabilidad, más allá de la patología. A medida que maduramos, es posible que desarrollemos nuevas estrategias para abordar tareas o problemas, lo que podría no reflejarse en los test tradicionales. Por ejemplo, una persona de mediana edad podría usar una estrategia diferente para resolver un problema en comparación con alguien más joven, pero ambos podrían llegar a la solución correcta. Quizá le lleve más tiempo y no pueda competir directamente con el joven, pero podrá resolverlo e incluso ser más tenaz o resolverlo con más templanza. Intuyo que esa investigación vendrá, en parte, de la psicometría aplicada al ámbito laboral o cuando la neuropsicología y la psicología evolutiva y educativa salgan del cerco de la patología y se apliquen a la diversidad.

PRIMERA PARTE

CONOCER PARA ABORDAR

Se habla frecuentemente sobre el funcionamiento del cerebro y las capacidades cognitivas, pero muy pocos conocemos cómo es nuestra cognición, en qué fallamos y cuáles son nuestras fortalezas y nuestros grandes desafíos. A menudo nos encontramos con sorpresas acerca de nuestras propias capacidades mentales: en qué aspectos sobresalimos, en cuáles sentimos duros desafíos (aquellos que nos agotan) y qué aspectos necesitan refinamiento. Tal vez hayas experimentado ese momento de revelación cuando un profesional de salud mental explica un rasgo o habilidad cognitiva, quizá tuyo o de tu propio hijo, y piensas: «Eso me suena familiar» o «Si es que yo era igual...».

Para empezar, quisiera aclarar en términos sencillos qué es la cognición. La cognición realiza las operaciones esenciales de nuestra mente y nos conecta con el mundo. Esto abarca funciones conocidas, como la atención, la memoria y la planificación, y otras que probablemente te sean menos familiares, como las praxias o gnosias, que abordaremos en profundidad más adelante. Estas funciones mentales no deben confundirse con su manifestación en nuestro comportamiento ni con su expresión conductual, que es lo que define la ciencia psicológica. En otras palabras, mientras que la cognición se refiere a cómo procesamos la información y pensamos, nuestro comportamiento es cómo actuamos y reaccionamos basándonos en ese procesamiento.

Considera, por ejemplo, la impulsividad. Esta es una característica cognitiva que se refiere a la tendencia a actuar sin previa reflexión, y depende de nuestro control inhibitorio. Imagina las consecuencias que habría si fuéramos incapaces de controlar nuestros impulsos. Si cada vez que tuviéramos un pensamiento espontáneo sobre alguien lo expresáramos sin restricción, sin filtro, nuestra interacción social sería caótica, como Jim Carrey en *Mentiroso compulsivo*. Aquí es donde entra en juego la inhibición de impulsos, una función cognitiva esencial que nos ayuda a actuar de manera adecuada en sociedad. Esta capacidad de inhibir impulsos es una función cognitiva clave para nuestro comportamiento social y nuestra consecución de metas. Aunque tú creas que eres de una manera, tu función cognitiva condicionará la expresión conductual mucho antes que lo que llamas «personalidad», y puede hacer que tu relación con el mundo cambie.

El objetivo de este libro es explorar estas funciones cognitivas y comprender cómo se reflejan en nuestra conducta diaria. Es una inmersión en tu propio cerebro, un viaje que te permitirá entender mejor tus propios procesos mentales y cómo influyen en tu comportamiento.

Insisto en que esto no tiene nada que ver con la sinceridad, la forma de ser o la personalidad. No hablaremos demasiado de esas cosas en las siguientes páginas. Tiene que ver con la función básica cerebral que nos permite tener la expresión posterior. Espero que sepa explicarme lo suficientemente bien como para que, si en un momento dado quieres mandar a freír espárragos a alguien, decirle cuánto le quieres o el mal del que tiene que morir, sepas que lo haces de modo consciente y deliberado, no porque carezcas de la capacidad de controlar tus impulsos, sino porque has elegido expresarlo de esa manera.

Expuesta la diferencia entre función cerebral y expresión conductual, podemos partir en nuestro viaje hacia un entendimiento mejor de lo que son las funciones cognitivas básicas para después examinar el uso y disfrute que hacemos o podemos hacer de ellas. Con el objetivo marcado de entender cómo funciona el cerebro en la mediana edad y los cambios que se producen, partimos de que si no nos conocemos, no podemos modificar —ni entender— nada, así que lo primero que haremos será conocer para abordar.

Si ya estás familiarizado con términos como «gnosias», «planificación», «sistemas de recompensa», «praxias», «tipos de atención», «memoria», «habilidades visuoespaciales» o «razonamiento abstracto», te resultarán bastante sencillos los siguientes capítulos. En caso contrario, te invito a adentrarte en estas áreas de la cognición y descubrir cómo influyen en nuestro día a día.

Es esencial dejar claro un aspecto fundamental: vamos a centrarnos en lo que generalmente se considera normal en términos cerebrales. Pero ¿qué significa en realidad «normal»? El término es relativo y puede ser un tanto ambiguo. Lo que intentamos expresar con «normalidad» en este contexto es:

- Que aproximadamente el 70 por ciento de las personas presentan características o un funcionamiento similar al tuyo. Es probable que busquemos vivir en entornos que se adapten a nuestras características personales. Esta afinidad con nuestro entorno hace que nos sintamos más cómodos con las personas y situaciones que nos rodean en ese ambiente específico.

- Que, aunque presentes algunas peculiaridades en tu forma de pensar o actuar, estas no representan un trastorno o una condición degenerativa.

Es vital entender esto, ya que el propósito de este libro es analizar el comportamiento de estas funciones en relación con el proceso natural de maduración. Si en algún momento sientes inseguridad o preocupación acerca de cómo funciona algo en tu cerebro, lo que traduces a «dentro de ti», o si siempre has tenido dudas sobre ello, te insto a buscar la ayuda de un profesional. Y aquí es donde quiero subrayar la importancia de elegir al experto adecuado. Si decides buscar ayuda, opta por especialistas en la materia, como psicólogos, neurólogos o psiquiatras. Aunque hay profesionales de la salud, educación o trabajo social altamente capacitados en sus respectivos campos, es importante que, para cuestiones específicas sobre el funcionamiento cerebral y cognitivo, busques a aquellos cuyo trabajo se centra en estas áreas.

Evita acudir a figuras como *coachers*, adivinos, tarotistas o cualquier otro que no cuente con una formación científica y clínica en neurociencia o psicología.

Tampoco caigas en la tentación de hacer test improvisados de revistas o aplicaciones que prometen evaluar tu cociente intelectual y luego terminan preguntando sobre tus habilidades en inglés o cómo te comportas en una fiesta. Estos test carecen de validez científica y no proporcionan una imagen de tus habilidades cognitivas.

En cuanto a los modelos cognitivos, hay diversos enfoques para categorizar y entender las funciones cognitivas. Uno de los enfoques más utilizados es el de dividir estas funciones en dominios. En la quinta edición del *Manual diagnóstico y estadístico de los trastornos mentales*, una herramienta diagnóstica ampliamente utilizada en el ámbito clínico, se proponen varios dominios principales para la evaluación neurocognitiva:

- Atención compleja: se refiere a la habilidad para mantener la atención en tareas que requieren múltiples niveles de procesamiento simultáneamente.

- Funciones ejecutivas: involucra habilidades como la planificación, la organización, la solución de problemas y la toma de decisiones.
- Aprendizaje y memoria: capacidad de adquirir nueva información y recordarla a corto y largo plazo.
- Lenguaje: aptitud para comprender y producir lenguaje, tanto oral como escrito.
- Habilidad visoperceptiva: habilidad para interpretar y dar sentido a la información visual.
- Cognición social: relacionada con la interpretación y respuesta a las señales sociales, así como la regulación del comportamiento y las emociones en un contexto social.

Dentro del ámbito pedagógico, a veces se simplifican estos dominios en tres áreas: cognitiva (pensamiento), afectiva (emociones y sentimientos) y psicomotora (acciones físicas). Sin embargo, al evaluar a una persona en un entorno clínico, estos dominios se desglosan aún más, y las funciones se vuelven más específicas y detalladas. Yo utilizaré este enfoque de manera comprensiva, espero que te sea útil. Las funciones cognitivas no existen de forma aislada, sino que están interconectadas y dependen de varios dominios para su correcto funcionamiento. La comprensión de estos dominios y cómo interactúan entre sí es crucial para entender cómo operamos y cómo las diferentes áreas de nuestro cerebro contribuyen a nuestra experiencia diaria. Con este marco de referencia, estaremos en una posición más sólida para explorar las particularidades y matices de la cognición.

Una última parte de esta introducción será para contarte lo que es la neuropsicología, y la nueva perspectiva de una neuropsicología del cerebro normal, ya que mientras que una gran parte de la neuropsicología está orientada hacia trastornos y lesiones cerebrales, es esencial reconocer la importancia de la neuropsicología de la salud, que pone el foco en el funcionamiento cerebral óptimo y en cómo podemos fortalecer y mantener ese funcionamiento.

Creo que será una disciplina en auge en el futuro, aún con mucho trabajo por hacer, pues la salud mental y la función cognitiva son un foco de preocupación y estudio, además de que en los próximos años se va a producir un aumento del número de personas que la van a necesitar.

Estas son algunas de las definiciones de la neuropsicología de la salud:

- La neuropsicología se centra en la intersección entre el cerebro y el comportamiento, explorando cómo nuestras estructuras y funciones cerebrales influyen en nuestra conducta y pensamiento.

- Es una rama de la neurociencia que estudia las relaciones entre el cerebro y la conducta tanto en sujetos sanos como en los que han sufrido algún tipo de daño cerebral. Su objeto de estudio es el conocimiento de las bases neurales de los procesos mentales complejos.

La neuropsicología de la salud no solo focaliza en aquello que puede salir mal, sino en lo que podemos hacer para que las cosas vayan bien. En ese sentido, los neuropsicólogos desempeñan un papel esencial en la educación de las personas de cualquier edad sobre cómo las actividades diarias, desde la dieta y el ejercicio hasta las actividades mentales y las interacciones sociales, pueden influir en nuestro bienestar cerebral. Y yo añadiría también la vida laboral. Como la mayoría de los estudios se han dirigido a la salud cerebral en personas mayores, es una actividad que generalmente se obvia. Y en la mediana edad el trabajo es, con fuegos artificiales y luces de neón, LA ACTIVIDAD.

Los neuropsicólogos pueden ofrecer estrategias e intervenciones específicas para aquellos que buscan mejorar ciertas habilidades o capacidades cognitivas. Estas intervenciones pueden incluir entrenamiento en habilidades específicas, técnicas para optimizar la concentración y consejos para incorporar prácticas saludables en la vida diaria que fortalezcan la función cerebral.

En el contexto de este libro, nos centraremos en cómo la neuropsicología de la salud puede proporcionar una visión detallada del funcionamiento cerebral, valoraremos qué sucede con estas funciones durante la mediana edad y cómo ese conocimiento puede ser utilizado para potenciar nuestras capacidades y vivir de manera óptima. No entraré en muchos detalles sobre patologías, excepto cuando no sepa explicarlo de otro modo, cada función que reconoces en ti mismo y que aplicas tiene su contraparte en forma de déficit. Por ende, es probable que, una vez que hayas interiorizado esto, puedas reconocer características que consideres patologías en otras personas, así como habilidades. Mi esperanza es que puedas enfocarte más en identificar y valorar las habilidades en los demás.

No me detendré en consejos de nutrición, actividad física y demás recomendaciones para la salud cerebral que ya sabes. Cuida tu colesterol e hipertensión, ten una dieta equilibrada y haz actividad física, duerme bien y evita el estrés. Ningún consejo que te dé puede reemplazar estas indicaciones fundamentales para el cuidado de tu cerebro.

Tampoco me detendré a especificar las distintas zonas cerebrales. Es importante que tengas un mapa de tu cerebro, igual que sabes dónde está tu hígado, y si eres tan friki como yo, en vez de mandalas puedes comprarte un libro de pintar zonas cerebrales para relajarte. Al final del libro encontrarás unos dibujos de una alumna mía. Son un mapa muy básico del cerebro y las neuronas. Les obligo a hacerlo a principio de curso para que el panorama que les ofrezco después tenga un lugar físico donde reflejarse. Mientras ella hace su trabajo de fin de máster yo termino este libro, así que hemos hecho un *quid pro quo*.

Al final del libro podéis consultar la bibliografía, con libros de divulgación valiosos y complementarios a este, vídeos, películas, canciones y mucho de lo que me ha servido de inspiración para cuando quiero explicar algo y otros lo hacen mucho mejor.

Recuerda que la cognición y el comportamiento son dos conceptos profundamente entrelazados, pero distintos. Mientras que la cognición se define como las operaciones y procesos cerebrales que nos permiten procesar información, el comportamiento se refiere a cómo actuamos y reaccionamos según ese procesamiento.

Con esta distinción clara entre función cerebral y expresión conductual, estamos listos para embarcarnos en un viaje que nos permitirá comprender las funciones cognitivas básicas y cómo las utilizamos en nuestra vida diaria.

1

Funciones cognitivas básicas

Se denominan «funciones cognitivas» a aquellos procesos mentales que nos permiten llevar a cabo cualquier tarea. Hacen posible que nuestro cerebro tenga un papel activo en los procesos de recepción, selección, transformación, almacenamiento, elaboración y recuperación de la información, lo que te permite desenvolverte en el mundo que te rodea.

Atención: pasen y vean

Esta función no solo se refiere a la capacidad de dirigir nuestra atención hacia estímulos específicos en el entorno, ya sean visuales, auditivos, táctiles u otros, sino que también nos permite el mantenimiento del estado de alerta. Este es la capacidad de mantener un nivel de conciencia y preparación para responder a estímulos, incluso en ausencia de estímulos relevantes, de alguien que te diga continuamente: «Atiende».

La atención es fundamental para muchas otras funciones cognitivas, por lo que los trastornos de atención pueden tener un efecto dominó en la cognición en general. Si te cuesta mantener tu atención en una tarea, es probable que también tengas problemas para recordar información relacionada con esa tarea.

Hay varios modelos teóricos de la atención, seguramente todos acertados en parte y con intención explicativa. Para la comprensión de la atención y su evaluación nosotros hemos estudiado mucho el que agrupa cinco factores.

1. El factor atención sostenida, que es la capacidad de mantener un foco de atención durante un periodo considerable de tiempo.
2. El factor alternancia, que ha sido definido como la capacidad de cambiar el foco de atención de alguna característica específica del estímulo a otra.

3. La codificación, que se define como la capacidad de mantener la información en la memoria durante breves periodos de tiempo con el fin de permitir la ejecución de operaciones mentales con esta información. (Esta definición es muy similar a la de memoria de trabajo. De hecho, en este punto se desdibujan las fronteras entre la atención y la memoria).

4. La estabilidad, que está encontrando apoyo actualmente gracias a que los nuevos test permiten medir mejor la variabilidad del tiempo de reacción. Esta variable, que algunos califican como clave atencional, se combina entre la distraibilidad, el cansancio o fatiga y la inconsistencia *per se*. Depende de muchos factores y supone un mantenimiento constante de la habilidad atencional, tanto en tiempo de reacción como aciertos en la tarea. Más que tener en cuenta la rapidez o lentitud de nuestra atención, implica que seamos constantes en ella, admite la diversidad del procesamiento y se asociaría más con la calidad atencional. Desde nuestro punto de vista, esta habilidad podría ser clave para entender cómo funciona una mejor atención, y no se puede medir adecuadamente con test de papel y lápiz, ya que deben estudiarse los tiempos de reacción fren-

te a una tarea, su estabilidad en el tiempo y su desarrollo continuo frente a distractores o cambios de tarea. La medición de la influencia de los tiempos de reacción permite una estimación de la eficiencia de las redes atencionales.

5. *Switching*, que explicaremos un poco más adelante.

Después de la memoria, la atención es la queja más frecuentemente reportada en pacientes que han sufrido una lesión cerebral, y es quizá la que más se confunde con la misma memoria o con otros procesos cognitivos. Si la velocidad de procesamiento es o no un componente del dominio de la atención se puede discutir, pero de que la lentitud mental se considera generalmente como un contribuyente a las dificultades de atención estamos convencidos. Pero no solo porque las pruebas lo recogen y hacen que las medidas de atención sean peores, sino porque realmente la atención y los tiempos de reacción se combinan en la mayoría de las acciones humanas, por lo que cualquier diferencia de procesamiento marcada y la falta de respuesta adecuada recaerá en la calidad de la ejecución misma de cualquier tarea.

Podemos valorar esto con una prueba sencilla, en relación con la memoria de trabajo y la atención. Cuando entro en un bar a tomarme el café con leche de media mañana, y efectivamente es la hora del café con leche, me enfrento a un intento de buscar la atención del camarero. Ahí me quedo yo esperando. La atención del empleado está a muchas cosas, más si es la única persona trabajando en el bar, así que observo su ejecución en el test. Parece que atiende a los clientes en fila, con cierto orden, sin embargo, en el extremo de la barra alguien le llama en apariencia de forma maleducada y el camarero se vuelve para mirarle. Resulta que ambos se conocen y se saludan brevemente. Podemos comprender que le cueste volver al orden anterior, y que haya que decirle: «Perdona, pero estaba yo antes». Cuando me pone el café con leche, le doy un billete para pagar y se va a la caja. Pero vuelve a tener otro parón, pues la persona de la barra le ha hablado de nuevo, esta vez para despedirse, y, claro, responde, faltaría más. Al llegar a la caja tiene otro vacío mental: «¿Qué hacía yo?, ¿cuánto era?, ¿quién me ha pagado?». Este efecto de *branching*, que es el término que define la mediación entre recursos atencionales y memoria de trabajo, es un medidor también de nuestra función ejecutiva. El camarero nos mira a la cuadrilla de pedigüeños para, en un momento, hacernos un escaneo a todos y, con su memoria de la fuente y de trabajo, me mira y me dice: «¿Cuánto me has dado?». Actualmente, las máquinas de cobro son cada vez más sofisticadas. Se organizan por pedidos, de mesas o de barra, se introduce la cuantía, se anota lo que el cliente ha dado y a continuación dice exactamente lo que hay que devolver; algunas hasta hacen el cambio solas. Lo que parece una vigilancia ante la posibilidad de que el camarero o camarera decida llevarse algo al bolsillo, cosa que muchos piensan, es una bendición para el agotamiento de la memoria de trabajo y la atención. Es posible que esa persona sea mejor en su trabajo por esa ligera ayuda, pueda atender a más gente, no equivocarse y no tener que estar pendiente de más tareas a la vez. Hay quien pensará que es algo irrelevante, o innecesario, pero la acumulación de tareas atencionales agota y cansa, y a la larga estresa.

En el último capítulo hablaremos de lo que significa la carga atencional y de memoria para los profesionales y cómo pueden hacernos sufrir de manera diferente. Pero esta aportación coincide con la atención, la memoria de trabajo y el procesamiento, los distractores y las tareas continuas.

Un concepto más que añadiremos en este apartado es el *switching*. Es el quinto factor, ¿lo recuerdas? Haces buen *branching* si se te ha quedado en la cabeza que nos falta un factor. Este nombre tan pomposo (el del *switching*) se ha traducido como «costo de tarea» o «cambio atencional con determinado costo» en el ámbito cognitivo. En ingeniería se trata de mover tramas de un sitio a otro dentro de una red local. Si te sirve el símil, perfecto. Hay compañeros que se quejan de quienes explican la similitud del cerebro con analogías informáticas, como la memoria RAM del ordenador como ejemplo de memoria a corto plazo, que apagas el ordenador y si no has guardado el archivo desaparece, y memoria de disco duro, guardado, con la memoria a largo plazo, también analogías sobre lo que es software y hardware, cableado, etc., y lo entiendo, porque manda narices que entendamos mejor el ordenador que el cerebro, dados los años que llevamos con ambos. Pero a mí, si se entiende, me parece perfecto, aunque no sea exactamente así. Las máquinas no dejan de estar hechas a nuestra imagen y semejanza.

Una vez visto el *switching* como la capacidad de enrutar, o de manejar dos tareas a la vez de manera eficiente y dirigirlas a su grado de atención necesario, hay que aclarar que no es que esté de moda porque hayamos inaugurado su conocimiento; está muy de moda porque cada vez conocemos más sobre la atención; actualmente tenemos un exceso de atención corta, rápida y no de calidad, con mensajes rápidos y digeribles, que no son más que llamadas de atención directa. Este fallo atencional es directamente lo que te mata en el coche cuando miras el móvil y lo que, según algunos estudios, hace perder hasta dos horas de trabajo o de procesamiento eficaz al día. Cuesta mucho cambiar la atención de una tarea a otra, y el *switching* es muy sensible a la edad. También dicen que al sexo cuando repetimos la broma de que los hombres no pueden hacer dos cosas a la vez; sin embargo, una reciente revisión sugiere que no existen diferencias sustanciales de género en el rendimiento multitarea en los paradigmas de cambio de tareas y tareas dobles.

Las bases atencionales mantenidas, con un tiempo de reacción adecuado, un *switching* correcto y un control de la planificación y memoria, serán lo que nos haga mejores o peores en un trabajo sencillo o complejo, pero también lo que más nos afecte ante el cansancio o la edad. Podremos compensarlo con estrategias aprendidas, que es lo que ocurre con el camarero experto que no va a confundirse y, aun con pachorra, va a ser tan eficaz como el joven inexperto, y además con una sonrisa y llamando a los clientes habituales por su nombre. Pero esto vuelve a ser un adelanto de los capítulos siguientes.

La atención, por tanto, es el proceso complejo de

mantener la alerta, dirigirla y, en cierto modo, dominarla. También la capacidad de ser constante en ella durante un periodo largo de tiempo, así como la aptitud para cambiar de tarea con el mínimo costo temporal o sin perseverar en la anterior. De ahí también los nuevos consejos de parar cada poco tiempo y hacer un descanso de actividad mental. Ten en cuenta que el control de la atención y la concentración en la escucha requieren disciplina y práctica, ya que la mente tiende a divagar fácilmente. A pesar de que el cerebro es capaz de procesar un gran número de palabras por minuto, a menudo nos distraemos durante una conversación, pensando en otras cosas. Además, no se nos enseña adecuadamente a escuchar en la escuela, ya que se enfatizan otras habilidades como la lectura, la escritura y el lenguaje oral. El exceso de información puede dificultar la identificación de lo relevante, y solemos filtrar lo que escuchamos según nuestros propios intereses y prejuicios, ignorando a quienes no compartan nuestras opiniones. Factores como la fatiga, el ruido, el estrés y las distracciones externas también pueden obstaculizar nuestra capacidad de atención. Por otro lado, la falta de interés o un propósito claro, así como las preocupaciones emocionales, pueden dificultar aún más la comprensión y retención de la información durante una conversación. El marco conceptual de la atención es complejo y los modelos involucran muchas áreas cerebrales, pero, en síntesis, la atención es la puerta de entrada a las demás funciones, y una mala atención perjudica el resto de los aprendizajes y percepciones, y revertirá en la actividad intelectual y laboral.

La memoria

La memoria es una función biológica que permite el registro, la retención (o almacenamiento) de la información y la recuperación (o evocación) de la información previamente almacenada. Es también una función muy sensible a diversas condiciones anormales. Así, cuando detectamos un problema de memoria grave, a no ser que sea un daño concreto (un pequeño infarto en determinada zona cerebral), estamos ante la punta del iceberg, ya que es probable que el resto de las funciones estén afectadas ya de una u otra manera. Como no quiero hablar de déficits, sino de habilidades, respecto a la memoria insistiré en dos cosas: primero, que el cerebro quiere entender, no memorizar; y segundo, que no recordar ciertas cosas nos puede hacer pensar mejor.

Es muy común mencionar el ejemplo del cuento de Borges, «Funes, el memorioso»; si no lo conoces, hazte con él (lo tienes en su antología *Ficciones*). Ireneo Funes tenía diecinueve años cuando, tras un accidente, perdió el conocimiento, para encontrarse posteriormente con una capacidad de recordar fuera de lo normal, una memoria infinita. Podía recordar todo, con sus matices y momentos, detalles nimios y llamativos, formas, olores, luz, tacto... todo lo que sucedía de cualquier objeto o persona, cada segundo. Su concepción del mundo cambió por completo. «Más recuerdos tengo yo que los que habrán tenido todos los hombres desde que el mundo es mundo». Funes empezó a hablar de su memoria como un «vaciadero de basuras». El joven estaba tan atorado de detalles insignificantes que le habían convertido en alguien incapaz de pensar. «Pensar es olvidar diferencias y el éxito, generalizar y abstraer».

Por eso, a medida que avanzamos en nuestra madurez, hay cosas que no queremos recordar y que directamente olvidamos a propósito. ¿Se puede hacer eso? Por supuesto.

La memoria es una función cognitiva esencial que permite a los individuos captar (codificar), retener (almacenar) y después recuperar información. Comprender y evaluar la memoria es crítico, especialmente en contextos neuropsicológicos, porque numerosas condiciones neurológicas y psiquiátricas pueden afectar a los procesos de memoria. Los problemas de memoria pueden ser una preocupación central durante las evaluaciones neuropsicológicas.

A pesar de su complejidad, la memoria no suele ser examinada en toda su profundidad durante estas evaluaciones. Su naturaleza multifacética ha sido bien establecida en la literatura, y la memoria ha sido dividida en diferentes sistemas, entre ellos la memoria episódica, la semántica y la procedimental.

Sin embargo, en la mayoría de los contextos clínicos, el énfasis sigue estando en una faceta particular: la memoria episódica anterógrada explícita. Este nombre tan complejo alude al tipo de memoria que se refiere a la evocación consciente de nueva información sobre eventos específicos (episodios) en la vida de una persona. En términos más simples, la memoria episódica ayuda a recordar el qué, dónde y cuándo se ha producido un evento específico, como qué cenamos anoche o a dónde fuimos en nuestras últimas vacaciones. Aunque el enfoque en la memoria episódica es comprensible, dado su susceptibilidad a una amplia gama de lesiones y condiciones cerebrales, es esencial reconocer que la memoria es más que tan solo recordar sucesos concretos.

En condiciones normales, nuestro cerebro constantemente registra y almacena nuevas experiencias e información. Cuando conocemos a alguien nuevo y aprendemos su nombre, esa información se guarda en nuestra memoria a corto plazo. Con el tiempo y la repetición, este dato puede transferirse a nuestra memoria a largo plazo. Y puede ser una memoria diferente, con añadidos. Ahora mismo, si miro la puerta de este despacho, al que llegué hace no mucho, puedo recordar perfectamente la sensación que me dio el primer día: me pareció más pequeño y oscuro. Ahora tengo otra imagen de él. No sé por qué esa primera sensación se grabó de tal modo, pero si nunca hubiese vuelto aquí, hubiese recordado esa imagen y sería una imagen errónea, porque ni es tan pequeño ni tan oscuro. Eso es lo que sucede de manera continua. Por tanto, es similar a tomar una foto con una cámara: cada vez que vivimos un momento importante o aprendemos algo nuevo, nuestra mente captura esa información y la guarda para su posterior referencia. Pero, como algunas cámaras, llevamos puestos ciertos filtros, y esos filtros no dependen totalmente de nosotros, sino de sensaciones, emociones y expectativas. Nuestro cerebro funciona como un vasto archivo de recuerdos al que podemos acceder cuando lo necesitemos, pero ojo con creer que son idénticos a la realidad. En psicología del testimonio sabemos bastante bien cuáles son los flecos de la memoria.

Cuando recordamos los nombres de nuestras viejas amistades escolares o el aroma de una comida familiar, estas memorias emocionales y experienciales pueden estar almacenadas y listas para ser, más que recuperadas, escupidas. Se recuperan sensaciones de tal forma que nos pueden acelerar el corazón o intranquilizarnos sin saber exactamente por qué. También tranquilizarnos, hay recuerdos que nos dan paz. Cuando oímos una canción de nuestra juventud, por ejemplo, no solo recordamos la melodía, sino también las emociones y momentos asociados con ella.

Desgraciadamente, esto también sucede con los malos recuerdos, y desde luego con los traumáticos. Cuando nuestro hipocampo recupera un recuerdo, nuestra amígdala entra en acción, creando una especie de reproducción física de la experiencia original. Una de las características del estrés postraumático es que no se domina el recuerdo grabado. En el momento traumático el cerebro recoge todo lo asociado a este, y si lo asocia a peligro lo grabará como buen sistema superviviente, de manera que, en otras ocasiones, aunque no sepamos por qué, si nuestro cerebro detecta alguna señal similar (un sonido, olor o percepción) activará la señal de alarma y creará alarma y estrés. Por ejemplo, se pueden desarrollar aversiones inexplicables hacia ciertas características físicas que, sin que se sepa, corresponden al agresor. Estos recuerdos almacenados en la amígdala pueden llevar a experimentar miedo irracional, ansiedad o incluso ataques de pánico repentinos e intensos. Suelen formarse durante eventos de alta tensión y pueden afectar a la forma en que procesamos y recordamos las experiencias conscientes. El cuerpo y el cerebro detectarán el peligro de inmediato y nosotros nos sentiremos tan mal como en el evento traumático. Un estímulo que induce miedo no siempre necesita registrarse conscientemente para afectarnos. Los recuerdos almacenados y evocados por la amígdala tienden a ser menos precisos que aquellos procesados por el hipocampo, y los miedos pueden mezclarse fácilmente entre sí cuando las hormonas del estrés excitan intensamente a la amígdala. El estrés postraumático es una fuente de malestar.

Nuestro cerebro también es capaz de procesar y retener información en tiempo real, permitiéndonos actuar y responder a situaciones actuales mientras mantenemos un registro de lo que acabamos de experimentar. Es similar a cuando, después de leer un capítulo de un libro, podemos resumir lo que acabamos de leer, recordando personajes, eventos y detalles clave. El hipocampo juega un papel fundamental en la consolidación de la memoria, y actúa como una especie de centro de control que procesa y organiza la información antes de enviarla a diferentes partes del cerebro para su almacenamiento a largo plazo. En situaciones normales, cuando nos encontramos con un amigo en la calle y nos habla de su próximo viaje, nuestro cerebro trabaja arduamente para procesar y almacenar esos detalles. Así, la próxima vez que lo veamos podremos recordar y referenciar esa conversación; solicitaremos esa información a nuestro cerebro para ser amables y preguntar a nuestro amigo: «Oye, ¿qué tal tu viaje?». Esto sucede en el hipocampo, una zona del interior del cerebro con forma de caballito de mar y con diferentes regiones y funciones muy específicas respecto a la memoria. Además de ayudar a consolidar recuerdos recientes, también nos permite acceder a memorias más antiguas, como el nombre de nuestra maestra de segundo o la sensación de montar en bicicleta por primera vez. Mientras el hipocampo registra activamente las experiencias, eres por completo consciente de este proceso y puedes articular y compartir tus recuerdos con otros. Cada parte del hipocampo tiene un papel especializado en el tipo de información que procesa y consolida. Por ejemplo, si estás escuchando las noticias, el hipocampo izquierdo se encarga principalmente de procesar y almacenar la información verbal que se está presentando. Más tarde, podrías recordar los puntos clave que se mencionaron gracias a esta función. Por otro lado, si te hallas en una ciudad nueva y tratas de orientarte mirando un mapa, es el hipocampo derecho el que entrará en acción, ayudándote a procesar y recordar la información visoespacial, como las calles y puntos de referencia. Cuando ambos hipocampos trabajan en conjunto y están intactos, tienen la capacidad de compartir y balancear la carga de trabajo, lo que permite una consolidación de memoria más robusta y flexible; de hecho, se ha asociado la pérdida de conectividad del hipocampo con etapas tempranas de alzhéimer. El caso más llamativo para entender las funciones del hipocampo fue el de Henry Molaison, también conocido como el paciente H. M. En 1953, a los veintisiete años, Henry se sometió a una cirugía cerebral para tratar la epilepsia severa que padecía. Durante la operación, se le extirpó una parte del cerebro, incluyendo el hipocampo bilateralmente. Esta cirugía tuvo un efecto profundo en la memoria de Henry. Después de la operación, era incapaz de formar nuevos recuerdos a largo plazo. Aunque podía recordar su vida antes de la cirugía y algunas cosas a corto plazo, cada vez que conocía a una nueva persona o experimentaba algo, olvidaba esa información en cuestión de minutos.

Brenda Milner es una neuropsicóloga canadiense que desempeñó un papel crucial en el estudio de Henry Molaison. Realizó investigaciones pioneras con H. M. y otros pacientes similares, lo que ayudó a avanzar en la comprensión de la memoria y la función cerebral. Milner descubrió que, a pesar de la extirpación del hipocampo de H. M., su memoria a largo plazo estaba gravemente afectada, pero su memoria inmediata y sus habilidades cognitivas generales estaban intactas. Este hallazgo fue fundamental para entender la división entre la memoria episódica (memoria a largo plazo) y la memoria de trabajo (memoria a corto plazo).

En condiciones normales, nuestra memoria funciona también como un archivo dinámico que no solo almacena información, sino que también la organiza y jerarquiza en función de su relevancia y temporalidad. La ordena. La capacidad de evocar eventos tanto recientes como antiguos es crucial para nuestra identidad y comprensión del mundo. Además, somos conscientes de qué recordamos y qué hemos olvidado, y podemos diferenciar entre recuerdos reales y productos de nuestra imaginación. Este sistema equilibrado, cuando funciona adecuadamente, nos permite interactuar de manera efectiva y adaptativa en nuestro entorno, basándonos en experiencias pasadas y aprendiendo de situaciones nuevas.

La función ejecutiva, de la que hablaremos luego, juega un papel crítico en el control y regulación de muchas habilidades cognitivas, incluida la memoria. Cuando operan eficientemente somos capaces de utilizar estrategias de evocación para acceder a información almacenada, lo que significa que podemos recordar eventos y datos cuando los necesitamos. Evitamos la confabulación, es decir, no inventamos recuerdos que no sucedieron, no añadimos detalles ficticios para completar nuestra narración (si acaso los literalizamos, pero sabemos distinguir entre lo que ocurrió y lo que no ocurrió). A veces podemos llegar con el tiempo a incluir material de otros en nuestro recuerdo y finalmente creer que fue así. Tus amigos pueden haber contado muchas veces una historia y puedes finalmente creer que tú estabas e incluso recordarlo con detalle. Eso no es un problema de la memoria, es que no distinguimos en un momento dado entre lo narrado y lo vivido. También al aprender nueva información, podemos organizarla y codificarla adecuadamente para un acceso y una recuperación más fáciles en el futuro; así, al aprender un conjunto de palabras en un idioma que no es el nuestro, podemos agrupar términos similares o usar mnemotécnicos para recordarlas. Si estamos escuchando una conferencia, por ejemplo, podemos centrarnos en las ideas clave e ir recordándolas, además de ir haciendo nuestro propio hilo o mapa mental. También la comprensión y percepción del tiempo es clara y coherente. Esto permite recordar secuencias de eventos en el orden en que ocurrieron, como la trama de una película. El cerebro reconoce lugares, personas y objetos que nos son familiares. Por ejemplo, al entrar a una habitación conocida, reconocemos a las personas presentes y el propósito de nuestra visita. Aunque a veces nos encontremos en la cocina diciendo: «¿A qué he venido yo?», no será tanto un problema de nuestra memoria como que estábamos pensando en otra cosa, es decir, nuestra atención estaba en otro lado. Mantenemos una sensación constante de quiénes somos, de nuestra historia personal y de cómo nos relacionamos con el mundo que nos rodea. Por ejemplo, sabes quién eres, tu edad, tus experiencias pasadas y cómo llegaste al momento presente. En conversaciones y acciones diarias, no necesitamos repetir constantemente las mismas preguntas o actividades debido a que recordamos haberlas realizado, normalmente no perseveramos en acciones cotidianas, aunque a veces pienses: «¿Y le he dicho a mi marido que mañana tengo médico? Ah, sí, en la cocina. ¿Se habrá enterado? Ah, sí, que me ha dicho que el dentista... ¿dentista?». Ningún problema, sobrecarga de atención y estarías pensando en otra cosa.

En el caso de alguna patología, es como si el sistema de grabación del cerebro dejara de funcionar por un corto periodo, resultando en la incapacidad de almacenar nuevos recuerdos y la sensación de desconexión con el entorno inmediato.

En mi trabajo actual, debo hacer un examen riguroso de algunos hechos y analizar lo que me cuentan las diferentes partes, por lo que intento hacer una historia ordenada de los sucesos que después debo cotejar, evaluar y trascribir a un informe con una interpretación útil. Entonces pregunto: «¿Cuándo ocurrió tal cosa?», y quizá no se acuerden exactamente y se pongan a rebuscar en su memoria (muy pocos te dicen: «En marzo de 2008», a no ser que haya un evento claro y específico al que unir la fecha). Cuando no son capaces de contestarme, para no dejarlos en búsqueda, les pregunto: «¿Antes del confinamiento o después?». Prácticamente todo el mundo sabe situar el evento antes o después. El confinamiento, al igual que el día del ataque a las Torres Gemelas, ha generado un hito en nuestras vidas, pero en el primer caso no solo por el impacto emocional. Ese año de 2020 nuestra memoria se contrarió, no teníamos claro en qué mes estábamos, andábamos perdidos entre marzo y diciembre. Era una sensación generalizada y se debía básicamente a que estamos acostumbrados a estructurar la memoria y el tiempo en función de hitos y eventos que nos organizan nuestra propia historia. Un cumpleaños, unas fiestas patronales, las Navidades o las vacaciones. En un año donde todo fue similar y no hubo referencias temporales, nuestra memoria y el paso del tiempo se diluyó y se modificó.

Para quienes mantienen una rutina constante, puede ser difícil experimentar la memoria y el tiempo de la misma manera que quienes hacen variaciones significativas que se convierten en marcadores temporales.

Las experiencias vitales modifican la percepción de la memoria y el tiempo personal, y cuando tenemos una vida muy rutinaria esa percepción puede ser muy diversa y diferente a la de alguien que tiene una experiencia más activa.

Otra evidencia a la que nos enfrentamos respecto a la memoria se da cuando hablamos con dos personas sobre el mismo hecho, exactamente el mismo, pongamos, una comida familiar, que cada uno ha vivido de manera diferente, por lo que parecen escenas realmente distintas. Ninguno miente, pero ambos han estado atentos a señales diferentes, cuentan la escena de manera dispar y nos puede parecer que no han estado en los mismos lugares.

La memoria está formada por una colección de escenas, pero lo que le da significado es nuestra capacidad única para recuperar y presentar información cuando la necesitamos. Podemos acceder a recuerdos específicos en el momento adecuado y también reconocer cuándo no tenemos acceso a ciertos recuerdos, con algunas excepciones anecdóticas. Eduardo Galeano expresó su maravilla por la palabra «recordar» al señalar que su origen proviene de *recordis*, lo que significa «volver a pasar por el corazón». Esta es una descripción acertada de lo que en realidad significa recordar. La escena de la memoria de cada persona puede ser por completo diferente, ya que los recuerdos están intrincadamente relacionados con las experiencias y emociones individuales.

Quizá es el momento de hablar de las emociones y cómo van a influir en el procesamiento cognitivo. Las emociones son una parte fundamental de nuestra biología y evolución y existen como parte de nuestro proceso de adaptación y supervivencia. Aunque nuestro cerebro no ha cambiado significativamente en los últimos tiempos, lo que ha evolucionado es cómo usamos nuestras habilidades cognitivas y mentales. Las emociones se dirigen a nuestra supervivencia, nos ayudan a reaccionar de manera adecuada en situaciones de peligro y también juegan un papel importante en nuestra motivación, impulsándonos a buscar el placer y evitar el dolor. La palabra «emoción» proviene del latín *emovere*, que significa «mover» o «excitar», y realmente tienen el poder de influir en nuestras acciones y guiar nuestras vidas. Son parte integral de lo que significa ser humano y desempeñan un papel crucial en nuestro pensamiento, aprendizaje y toma de decisiones.

Las emociones constan de varios componentes que trabajan juntos para dar forma a nuestra respuesta emocional. En primer lugar, están las respuestas corporales, que incluyen gestos, posturas y expresiones faciales que comunican nuestras emociones tanto hacia fuera como hacia dentro. También involucran respuestas fisiológicas, como cambios internos en nuestro cuerpo: el aumento de la frecuencia cardiaca o la liberación de hormonas en situaciones emocionales. Estas respuestas fisiológicas preparan nuestro cuerpo para la acción y son universales, aunque la forma en que expresamos nuestras emociones puede variar según la cultura. Además, las experiencias y el desarrollo emocional temprano influyen en cómo experimentamos y expresamos nuestras emociones a lo largo de la vida. Si nuestro cerebro presenta un funcionamiento óptimo respecto a la memoria, tendremos la capacidad de formar, almacenar y recuperar recuerdos que utilizaremos para entender el mundo que nos rodea, pero lo reinterpretaremos a nuestro modo. Si quieres saber más sobre este tema, te puede interesar la psicología del testimonio.

El olvido, por tanto, es un fenómeno natural en la memoria humana y ocurre por diversas razones. El olvido en la memoria sensorial se produce debido a la desaparición rápida de la información, que se pierde en menos de un segundo. En la memoria a corto plazo, el olvido se debe al desplazamiento, donde la información nueva reemplaza a la antigua. En la memoria a largo plazo, el olvido puede ocurrir por la interferencia que surge entre la información previamente aprendida y la información adquirida antes o después de ella. Algunas de las causas del olvido incluyen la filtración de información, pues no toda la que percibimos llega a nuestra memoria a corto plazo debido a la falta de atención o interés; la saturación de información, que ocurre cuando almacenamos demasiados datos similares; la falta de asociación, ya que la información no relacionada con conocimientos previos es más difícil de recordar; la necesidad de claves para recuperar ciertas memorias; el desuso, que debilita las memorias si no se utilizan, y los cambios en las memorias con el tiempo, pues constantemente construimos y actualizamos nuestro conocimiento. En resumen, transferir información de la memoria a corto plazo a la memoria a largo plazo requiere atención, repetición y organización, y el olvido es un proceso natural que nos ayuda a retener información relevante y valiosa en nuestra memoria. Una cosa es olvidar y otra no atender. Atender implica estar alerta, percibir estímulos relevantes, concentrarse en la información importante, inhibir distracciones y cambiar el enfoque según sea necesario. Las deficiencias en la atención representan la mitad de los problemas de memoria.

Las memorias procedimentales, como ir en bicicleta, escribir a máquina o el que te den el inicio de una canción y te arranques directamente con ella, no son los mismos tipos de memoria y se fijan de manera diferente. *Memento*, de Christopher Nolan, es una película que ficcionaliza un caso similar al de H. M y describe los diferentes tipos de memoria.

Lenguaje

El lenguaje es producción y comprensión, lectura y escritura, simbología y signos. El lenguaje es una de las funciones más recientes desarrolladas por nuestro cerebro. Se trata de un sistema funcional complejo, cuya realización requiere de múltiples eslabones. Como señalan Ardila y Ostrosky «localizar el daño que destruye el lenguaje y localizar el lenguaje son dos cosas diferentes». El lenguaje humano es denso y rico, y nuestro cerebro tiene la capacidad de reconocer y procesar una amplia variedad de sonidos y patrones fonológicos. Esta habilidad nos permite distinguir sutilezas en el habla, identificar distintos acentos y matices, y comprender el lenguaje en una multitud de entornos acústicos. De entre miles de palabras en nuestro léxico, el cerebro tiene la destreza de identificar y nombrar objetos, ideas y emociones con precisión, permitiéndonos comunicarnos de forma efectiva y fluida con otros. Con asombrosa pericia, comprendemos el lenguaje interpretando no solo palabras individuales, sino también el significado subyacente, el contexto y las intenciones del hablante; de este modo, podemos seleccionar palabras precisas de un extenso vocabulario, lo que nos permite articular pensamientos y sentimientos con exactitud y coherencia.

El caso del paciente del doctor Broca «tan» es un ejemplo clásico en la neurociencia que ilustra la conexión entre la función cerebral y el lenguaje. «Tan» fue el único término que este paciente podía pronunciar debido a una lesión en una región específica de su cerebro situada en el lado izquierdo y conocida como el área de Broca. El paciente al que se hace referencia en el caso de la afasia de Broca en realidad se llamaba Louis Victor Leborgne. A pesar de no poder pronunciar más que esa palabra, podía comprender el lenguaje y comunicarse de manera efectiva utilizando esa única palabra. Este caso resalta la importancia del área de Broca en la producción del habla y cómo una lesión en esta zona puede afectar a la capacidad de expresión verbal.

Por tanto, con un cerebro sano, podemos, y así lo hacemos, construir oraciones con una estructura gramatical compleja, permitiéndonos expresar ideas y emociones con precisión y riqueza lingüística. Poseemos una extraordinaria aptitud para identificar y diferenciar una vasta gama de sonidos, de modo que comprendamos matices y tonalidades en el habla. La habilidad de discernir fonemas cercanos en composición acústica es una prueba del refinado sistema auditivo y cognitivo con el que contamos. Esta precisión fonética nos permite, por ejemplo, detectar acentos y diferenciar entre palabras similares en tono o sonido, lo que es necesario para la comunicación efectiva en cualquier idioma. Es posible transmitir emociones y pensamientos complejos, y no siempre seguimos la partitura al pie de la letra. Al igual que un músico de jazz que se desvía de la melodía principal para improvisar, en ocasiones elegimos caminos alternativos en el lenguaje. Estas improvisaciones lingüísticas no son errores, sino demostraciones de creatividad y adaptabilidad. Como los neologismos o palabras inventadas que, con el tiempo, se vuelven parte de nuestro léxico cotidiano. Es una prueba de que el cerebro no solo sigue las reglas, sino que también juega, experimenta y evoluciona, buscando siempre nuevas formas de expresarse y conectar con otros. Como decía Borges, la gramática no es más que la ilusoria costumbre.

Respecto a la unión de funciones, la habilidad para analizar y distinguir sonidos en sílabas y palabras es un reflejo de cómo nuestro cerebro puede desglosar el lenguaje, pero también es imprescindible retener información verbal, incluso en frases largas y estructuras complejas, evidenciando una memoria verbal operativa muy desarrollada. Ya dije que todas las funciones cognitivas están unidas. Esta memoria almacena palabras, pero también comprende y procesa la relación y conexión entre diferentes elementos de una frase, permitiéndonos captar el significado completo y la intención detrás de las oraciones. Como coordinadora de análisis, retención y comprensión, nuestra memoria verbal, en su estado óptimo, no solo guarda palabras, sino que además es capaz de reconstruir y reconocer las sutiles variaciones en los sonidos y patrones que componen esas palabras en ese orden.

Nuestro cerebro comprende estructuras lógico-gramaticales, es capaz de interpretar y conectar las relaciones espaciales, temporales y comparativas expresadas a través de preposiciones, adverbios y otras estructuras gramaticales. Así, «antes», «arriba», «mayor» y «menor» no son simplemente palabras; son puentes que conectan las ideas y establecen relaciones contextuales en una frase. Más aún, el cerebro puede distinguir y procesar construcciones inversas como «el hermano de mi padre» y «el padre de mi hermano», entendiendo la interacción entre los componentes de la oración y cómo estos transmiten significado, y coordinando la generación de pensamientos y la voluntad de expresarlos de manera verbal.

Si lo visualizamos en un contexto cotidiano, sería como tener una conversación fluida con un amigo en una cafetería. Aunque podríamos repetir una anécdota que alguien nos contó o contar un chiste de Eugenio, también somos completamente capaces de generar respuestas espontáneas y mantener una conversación interactiva. De este modo, reaccionamos a estímulos externos y, asimismo, podemos iniciar una charla, compartir anécdotas o simplemente hablar sobre el tiempo. Este impulso para comunicarnos de forma proactiva y responder adecuadamente es una prueba del dinamismo inherente a nuestra capacidad lingüística y a nuestra función ejecutiva. Por tanto, la capacidad de generar habla espontánea y mantener un diálogo es una manifestación de ese dinamismo en acción.

El cerebro coordina óptimamente la posición del aparato fonador para articular el lenguaje y cada sonido y palabra que pronunciamos implica un conjunto de movimientos musculares coordinados por nuestro sistema nervioso central. Así, si alguien nos dice una frase como «La serendipia es una fortuna inesperada», podemos repetirla con precisión. Al querer compartir una idea, encontramos y articulamos la palabra apropiada, desde «mariposa» hasta «atardecer». Cuando el cerebro funciona de manera óptima, la comunicación es fluida y automatizada, lo que nos permite expresar ideas con facilidad y precisión. Por ejemplo, en una conversación cotidiana, no necesitamos pensar en cada palabra o estructura gramatical; simplemente hablamos. En ese estado ideal, estamos equipados con un vasto repertorio de estructuras gramaticales que empleamos de modo casi instintivo, lo que nos permite construir oraciones complejas sin tener que detenernos a pensar en cada componente. De esta forma, la automatización del acto verbal articulatorio nos facilita expresarnos con rapidez, mientras que la presencia de estructuras gramaticales adecuadas aporta coherencia y claridad a nuestras palabras. Si alguien nos cuenta una historia, somos capaces de reproducir los hechos principales sin recurrir a pausas excesivas o reiteraciones innecesarias; somos capaces de articular cada palabra y frase sin interrupciones, manteniendo la coherencia y el ritmo adecuados. El cerebro crea oraciones completas y bien formadas, utilizando convenientemente los conectores y terminaciones gramaticales. Y podemos adecuar el lenguaje a nuestro interlocutor, empeñarnos en no ser prolijos o resumir algo buscando el mensaje importante porque tenemos prisa.

Anna Kazumi Stahl publicó *Flores de un solo día* en 2002. Es una muestra de literatura que describe la incapacidad cerebral de manejar el lenguaje. Aimée, una niña de aire oriental pero indefinido, llega a Buenos Aires desde Nueva Orleans a los ocho años acompañada de su madre japonesa, Hanako. Se trata de una novela familiar sobre migración y herencias a lo largo y ancho del mundo en el que, a través de la historia de Aimée, conocemos el historial misterioso de la familia. Pero en el libro también hay una descripción muy bien definida de la afasia global, la incapacidad de hablar y también de comprender el lenguaje, cualquier lenguaje. En el libro se nos dice que Hanako, la madre de Aimée, es «muda a partir de una enfermedad cerebral», «por unas fiebres»; tiene «una enfermedad por la que no puede tener contacto con el mundo exterior», no entiende las palabras, y no habla, seguramente como «consecuencia de una probable meningitis aguda que habrá tenido de niña en Japón». Por eso sufre «afasia y desafíos en el razonamiento, agorafobia leve y pirofobia severa [...] Podés usar su nombre, eso le gusta, pero no te va a entender otra cosa que le digas». Según avanza la historia, se va descubriendo que la afasia no procede de los bombardeos que sufrió Japón durante la Segunda Guerra Mundial, sino de la meningitis y el daño cerebral.

En un contexto cotidiano, leemos de un vistazo un menú en un restaurante, y todos los carteles de la calle, e interpretamos no solo las palabras, sino también la estructura, el formato y la disposición visual del texto, analizando su mensaje y cómo se dirige a nosotros, y en pocos segundos valorar si nos interesa o no. Leemos y, por tanto, reconocemos letras como simples trazos, pero también como representantes de sonidos y significados. Cuando vemos la palabra «manzana», por ejemplo, identificamos las letras individuales y asociamos la palabra con una fruta jugosa que podemos comer. En un funcionamiento típico, las letras que componen una palabra se combinan de manera fluida, permitiéndonos leer palabras y frases con facilidad. Cada letra encaja a la perfección con las otras para formar una imagen coherente en nuestra mente. En condiciones normales, leemos palabras y también comprendemos y mantenemos la estructura gramatical y la secuencia correcta del texto, y rápidamente podemos pensar: aquí falta una coma. Un cerebro sin alteraciones en este aspecto es como cuando un cartógrafo lee un mapa: puede mapear y seguir líneas de texto, identificar el inicio y el final de un párrafo y moverse fluidamente de una línea a la siguiente sin perderse. Y también escribimos: en condiciones óptimas, la escritura es una representación visual de nuestras palabras y pensamientos.

En contextos cotidianos, escribimos para registrar información, como cuando enviamos un correo electrónico o redactamos un mensaje de texto. Normalmente, cuando lo hacemos, seguimos la misma estructura gramatical y un orden específico sin pararnos mucho a pensarlo. Cada palabra y frase se coloca meticulosamente en su lugar correcto para que el mensaje sea claro; si no, nos suena raro y lo modificamos. En un informe, por ejemplo, organizamos nuestras ideas en oraciones y párrafos coherentes para que el texto sea comprensible. En un estado ideal, cada letra y palabra que escribimos tiene un propósito y forma parte de un conjunto más amplio. En una operación cerebral regular, las palabras que elegimos no son meros trazos en un papel; están imbuidas de significado y propósito. Al escribir una historia, cada palabra seleccionada aporta algo especial al relato, ya sea estableciendo el tono, describiendo un escenario o desarrollando un personaje. Y si un adjetivo no nos gusta, buscamos un sinónimo porque no es exactamente lo que queremos decir.

La trayectoria vital y la madurez tienen un impacto profundo en la evolución del lenguaje y el vocabulario en las personas. En un amplio experimento, se estimó que un estudiante promedio de veinte años conoce cerca de 42.000 lemas y 4.200 expresiones de varios vocablos, originados de unas 11.100 familias de palabras. Este conocimiento a menudo puede manifestarse como una mera familiaridad con la palabra, más que una comprensión completa de su significado. A medida que avanzamos en nuestra trayectoria vital, no solo nos encontramos con un creciente número de palabras, sino que nuestro vocabulario también se expande, en gran parte influenciado por la educación y las experiencias. La función de expansión del vocabulario con la madurez sigue una tendencia que coincide, en la opinión de estos autores del estudio, con la ley de Herdan-Heaps, una de las leyes de la lingüística. Estas leyes proporcionan una explicación de cómo evoluciona el lenguaje y los idiomas, así como de qué forma los aprendemos, y esta en concreto sugiere que, según nos exponemos a más palabras con el tiempo, incorporamos más de ellas a nuestro léxico. Pero, aunque las personas suelen retener palabras a lo largo de los años, puede que no recuerden siempre su significado exacto.

Durante la etapa de madurez es cuando comienza a manifestarse el fenómeno conocido como «punta de la lengua». A pesar de la ampliación del vocabulario, o por eso mismo, esa situación en la que uno siente que conoce una palabra, o el nombre de una actriz, pero no puede recordarlos en el momento preciso, se vuelve más frecuente. Pese a que es un fenómeno ampliamente estudiado, su aparición forma parte de las complejidades y sutilezas de la cognición y el lenguaje a medida que avanzamos en nuestra vida.

La capacidad de comprender un mensaje de habla objetivo en presencia de mensajes de habla competitivos cambia relativamente temprano durante el proceso de madurez cerebral y también hay muchas variaciones entre individuos, aunque se ha reportado que los adultos tenemos una menor capacidad para discriminar entre diferentes sonidos del habla, lo que también puede verse afectado por la disminución de la velocidad de procesamiento.

El lenguaje es la clave del progreso, y este se basa en nuestra capacidad innata para retener lo que hemos aprendido y compartirlo con otros a través de la comunicación oral y escrita, lo que marca una distinción esencial en el proceso de aprendizaje humano en comparación con otras especies. Sin embargo, la comunicación no verbal también desempeña un papel importante en este proceso. Específicamente, el deseo de ser aceptados y valorados por los demás sitúa a la comunicación en el centro de atención. Resulta sorprendente que entre el 60 y el 65 por ciento del significado social provenga de señales no verbales. La expresión no verbal y la comprensión de estas señales son habilidades que varían en matices y su dominio puede marcar una gran diferencia en la interpretación del mensaje transmitido.

En este apartado hablaré también de otras habilidades similares al lenguaje, como la cognición numérica o la música. Cuando funciona de manera óptima, nuestra habilidad para realizar cálculos matemáticos es esencial en numerosas actividades diarias, desde calcular el cambio que deberíamos recibir en una tienda hasta estimar cuánto tiempo nos llevará llegar a un destino en función de nuestra velocidad actual. En condiciones normales, nuestro cerebro es una calculadora viva. Al dividir una pizza entre amigos, casi automáticamente calculamos cuántas porciones deberíamos cortar para que todos comamos la misma cantidad. Al hacerlo, estamos realizando divisiones en nuestra cabeza, reconociendo patrones y aplicando la aritmética básica. Cuando abordamos problemas matemáticos escritos, solemos leer el problema, procesar la información y escribir la solución. Si tuviéramos que resolver «3 × 5», por ejemplo, leeríamos la operación, reconoceríamos que es una multiplicación y escribiríamos «15» como respuesta. Pero no hace falta que imaginemos un problema: encajamos nuestros días de vacaciones antes del 31 e intentamos unirlos a los puentes. En un estado ideal, resolver un problema matemático implica más que solo números; también se requiere planificación y toma de decisiones. Al pensar en cuánto debemos ahorrar para unas vacaciones, no solo consideramos el costo total, sino también cuánto podemos guardar cada mes, cuántos meses faltan para las vacaciones y cómo esto afectará a otros gastos. Las operaciones matemáticas, en un cerebro que funciona correctamente, involucran números, pero también el espacio y la orientación. Es como cuando estamos haciendo la maleta y sabemos que todo no va a caber, o si un sofá entrará o no en nuestro salón. Continuamente estamos procesando posiciones y números, tiempo y lenguaje. Que no nos demos cuenta es una suerte.

La música es el arte de combinar los sonidos con el tiempo, por ello esta capacidad puede tener también diferentes gradientes entre los cerebros sanos y el dominio del ritmo, y una mayor o menor habilidad en estas funciones depende del aprendizaje y la madurez cerebral. La capacidad musical parece ser innata en los seres humanos. Investigaciones han demostrado que a partir de los ocho a once meses de edad, los bebés ya pueden distinguir y recordar melodías. Además, nacemos con la capacidad de percibir aspectos de la entonación del lenguaje. Si un niño está rodeado de música y tiene padres que le fomentan la confianza, aprenderá a tocar un instrumento musical de la misma manera que aprende a hablar. El cerebro responde al sonido y al ritmo, así como cómo la estimulación musical afecta a los circuitos nerviosos. Se han observado diferencias en la estructura cerebral entre músicos expertos y personas sin conocimientos musicales. La música activa una red neuronal distribuida en el cerebro que procesa diversas características musicales, y esta red incluye no solo los lóbulos temporales, sino también el cerebelo. Los músicos, debido a su entrenamiento y práctica motora continua, proporcionan un experimento ideal para investigar cómo la adaptación funcional se correlaciona con los cambios estructurales en el cerebro. La interpretación musical es una tarea altamente compleja en la que un músico debe escucharse a sí mismo, a la orquesta y agregar su propia personalidad a la interpretación. Todo esto implica movimientos rápidos y precisos, lo que explica por qué el cerebro de los músicos experimenta cambios debido a la complejidad de su actividad.

Praxias: el acto motor también es una habilidad cognitiva

Las praxias son conjuntos de habilidades que permiten la ejecución de actos motores, movimientos complejos y coordinados. Estas acciones no son solo fruto de la capacidad motora básica, sino que requieren también de la integración cognitiva y de la comprensión de acciones en un contexto determinado. Al referirnos a la diversidad de las praxias, es fundamental entender que estas abarcan desde gestos simples hasta tareas que requieren una secuencia lógica y coordinada de movimientos. Tanto las tareas más simples como las más complejas representan un espectro de habilidades que evolucionan y se refinan con el tiempo y la práctica.

A menudo subestimamos la importancia de estos movimientos automatizados, pero son vitales para muchas de nuestras tareas diarias e interacciones sociales y para aprender e interactuar con el mundo. La falta de habilidad práxica o la pérdida de esta debido a lesiones cerebrales puede resultar en una significativa disfunción en la vida cotidiana. Por ejemplo, una persona con dificultades práxicas podría presentar problemas para vestirse, cocinar, escribir o incluso saludar a alguien. Las praxias, por tanto, no solo son movimientos coordinados, sino una integración de nuestra percepción, cognición y acción. La habilidad de imitar y aprender a través de la observación nos permite adquirir nuevas habilidades con rapidez, adaptarnos a nuevos entornos y aprender culturalmente de generación en generación. El poder realizar movimientos práxicos y aprender a través de la imitación es, en muchos aspectos, lo que nos distingue y nos ha permitido evolucionar como especie. Aunque nos parezcan rutinarias, requieren de una coordinación neuromuscular precisa y de un procesamiento cognitivo que las guíe. Puede parecer sorprendente que las acciones mediatizadas por las praxias sean tan diversas, pero el motivo responde a la existencia de distintos tipos:

- Praxias ideomotoras: son aquellas que nos permiten llevar a cabo movimientos simples, pero con un propósito concreto. Por ejemplo, al decir adiós moviendo la mano o hacer señas para pedir silencio, estamos usando praxias ideomotoras. Aunque el movimiento es simple, implica un propósito: comunicar un saludo o un requerimiento.
- Praxias ideatorias: se relacionan con la capacidad de manipular utensilios o herramientas en una secuen-

cia coordinada, y requieren un conocimiento de cómo y para qué se utiliza el objeto. Por ejemplo, saber la secuencia correcta cuando llegamos al trabajo, encender el ordenador o usar tenedor y cuchillo al comer. También emplear una llave para abrir una puerta: no solo se trata de girar la llave, también de introducirla en la cerradura, girarla en la dirección correcta y abrir la puerta.

- Praxias visoconstructivas: hacen referencia a la capacidad para planificar y realizar movimientos que tienen como objetivo organizar elementos en el espacio. Son esenciales en tareas como resolver un puzzle o realizar un dibujo. Cada pieza debe ser seleccionada, orientada y colocada en el lugar correcto de acuerdo a una imagen mental del resultado final. También entran en juego cuando aparcamos el coche, más en fila que en batería, o cuando jugamos a un videojuego como Mario Galaxy.

- Praxias orofaciales: son las que involucran movimientos específicos y coordinados de la cara, como soplar una vela, chasquear la lengua o silbar. Al soplar una vela en un pastel de cumpleaños, estamos dirigiendo el aire de forma específica hacia la llama.

No es casualidad que los niños tarden en atarse los zapatos o en pelar una fruta. Estas actividades, que para un adulto pueden parecer básicas, requieren una serie de movimientos coordinados y secuenciales que los niños aún están aprendiendo a dominar. Durante la infancia, el cerebro está en constante desarrollo y las conexiones neuronales que facilitan estas acciones se fortalecen con la repetición y la experiencia. Las praxias ofrecen una ventana a la integración entre las regiones cerebrales que gestionan la percepción, programación y codificación de patrones motores. Independientemente del entorno o del género, hay una mejora significativa en la realización de tareas praxiales a los seis años. La habilidad de un niño para llevar a cabo praxias complejas a esta edad puede ser un indicador de cómo se desarrollará neuropsicológicamente, lo que puede tener implicaciones en términos de su capacidad de aprendizaje en el futuro. Por eso en muchos cuestionarios de desarrollo infantil aparecen preguntas clave como «¿Puede atarse los cordones?» o «¿Sabe comer con cuchillo y tenedor?».

Una vez aprendidas, las praxias se automatizan y no somos conscientes de que las hacemos. No se limitan a las tareas cotidianas, y alcanzan niveles de maestría en actividades que requieren precisión y coordinación extremas.

Tocar la batería o el piano, por ejemplo, implica mover los dedos con precisión, así como coordinar ambas manos, y en el caso de la batería, los pies. De igual manera, actividades como el baile o los movimientos de un atleta o un trapecista implican una sincronización perfecta de múltiples grupos musculares, equilibrio y ritmo. Estos movimientos armónicos y complejos son el resultado de años de práctica y refinamiento, donde el cerebro y el cuerpo trabajan juntos. No vienen de serie trabajadas. Lo siento.

Nuestras praxias son un testimonio de la capacidad del cerebro para aprender, adaptarse y perfeccionar las habilidades motoras, desde las más simples hasta las más sofisticadas. ¿Se deterioran nuestras praxias con la mediana edad? El deterioro de las praxias en este periodo vital es un tema complejo y, como muchas cuestiones relacionadas con el cerebro, la respuesta es: depende. No todos los tipos de praxias se ven afectados de la misma manera. Las ideomotoras y las orofaciales, relacionadas con movimientos simples y gestos faciales, por lo general no muestran un declive significativo durante la mediana edad, a menos que haya una condición médica subyacente. Las praxias más complejas, como las visoconstructivas, pueden verse ligeramente afectadas, pero esto a menudo se debe más a la falta de práctica que a un declive *per se* o a la capacidad de atención. Por ejemplo, si alguien practica regularmente actividades que requieren precisión manual, es probable que mantenga esas habilidades bien afinadas. La mediana edad no necesariamente conlleva un cambio significativo de las praxias.

Hay otros elementos corporales que puede interesar catalogar. Tenemos capacidad reflexiva y no reflexiva: los movimientos que realizamos hacia nuestro propio cuerpo se denominan «reflexivos», mientras que los dirigidos hacia fuera son «no reflexivos». Con el cerebro sano, podemos diferenciar y ejecutar ambos tipos de movimientos con facilidad.

Contamos con coordinación bimanual para tareas que requieren el uso de ambas manos, como abrir un frasco o una botella de vino, hilvanar una aguja (si vemos el agujero), enrollar una cinta o ponerle el arnés a un perro loco por salir de casa. Estos movimientos son complejos y requieren una sincronización adecuada entre ambas extremidades. En un análisis de un cerebro sano que realiza estas tareas, se observaría una ejecución fluida y coordinada de los movimientos, sin errores como desorganización, movimientos amorfos o perseveraciones. Las áreas del cerebro, en particular las del hemisferio izquierdo y las parietales posteriores, juegan un papel crucial en la ejecución de estas habilidades práxicas. También se deben considerar las conexiones interhemisféricas, como las del cuerpo calloso, que permiten la coordinación y comunicación entre ambos hemisferios cerebrales.

Las habilidades ideacionales hacen referencia a la capacidad cerebral para organizar y ejecutar secuencias complejas de acciones en el orden correcto, incluso imaginarlas o dirigirlas hacia otros. Un cerebro sano tiene una comprensión adecuada de la función y el propósito de los objetos. Por tanto, alguien con habilidades ideacionales intactas sabe, por ejemplo, que un cuchillo se utiliza para cortar y no para escribir. Esta habilidad va más allá del simple reconocimiento del objeto; implica una comprensión conceptual de su propósito y función en diferentes contextos.

En esta ocasión necesito hablarte de déficits para explicar la diferencia. Mientras que la apraxia ideomotora implicaría dificultades en organizar imágenes motoras a pesar de tener un conocimiento intacto de las acciones, y la persona sabe qué acción debe realizar, pero le resulta complicado coordinar los movimientos necesarios para llevarla a cabo, en la apraxia ideacional es la representación mental de la secuencia de acciones la que se ve comprometida, de modo que el individuo puede tener un conocimiento fragmentado o confuso sobre cómo realizar una serie de acciones en un orden específico para lograr un objetivo. Esto puede llevar a una ejecución desorganizada o incorrecta de tareas complejas. En un cerebro sano, ambos tipos de representaciones —la imagen motora y la secuencia lógica de acciones— funcionan en armonía, lo que permite una ejecución fluida de tareas complejas.

Finalmente, las habilidades constructivas se relacionan con la capacidad de una persona para traducir una percepción visual en una acción coordinada, como dibujar, construir o ensamblar objetos. En un cerebro sano, estas habilidades nos permiten realizar una variedad de tareas que van desde actividades cotidianas, como montar un mueble, hasta habilidades artísticas, como la pintura o la escultura, o ingenieriles, como la organización de una obra urbana. Las actividades como el dibujo, la construcción, la escultura y otras tareas que requieren planificación espacial pueden ayudar a estimular y fortalecer estas habilidades en el cerebro. Un cerebro sano puede integrar con precisión lo que ve con lo que hace. Por ejemplo, al mirar un modelo o una imagen, una persona podría replicarlo a través del dibujo o la construcción, asegurándose de que las proporciones, los ángulos y los detalles se capturen con precisión. Por desgracia, algunos, aunque ejercitemos mucho esa habilidad, no conseguimos que florezca con dignidad. Además de simplemente copiar lo que ve, el cerebro tiene la capacidad de descomponer una imagen o estructura en sus componentes esenciales y luego volver a ensamblarlos de manera diferente y con creatividad, generando variaciones que pueden modificar la expresión del objeto inicial. Aquí estarían las obras de arte representativas, que son capaces de transmitir emoción y belleza. En un cerebro sano, los dos hemisferios trabajan juntos para llevar a cabo tareas constructivas. Sin embargo, es posible que cada hemisferio aporte algo de forma única al proceso. Así, mientras el hemisferio derecho podría estar más involucrado en la percepción espacial y la representación global, el izquierdo podría centrarse más en los detalles y la secuencia lógica. Para expresar mejor esta difícil tarea pondré un ejemplo sencillo. El acto de vestirse es una actividad diaria que muchas personas llevan a cabo de modo automático. En un cerebro sano, la habilidad de vestirse refleja conocimiento corporal y espacial, pues entendemos intuitivamente la relación entre las diferentes partes de nuestro cuerpo y la ropa. Podemos abotonarnos la camisa o subir una cremallera pensando en otra cosa y, rápidamente, reconocer y ejecutar esta secuencia: ponernos los calcetines antes de los zapatos y la camisa antes que la chaqueta. Si una prenda de vestir se presenta al revés o está hecha un gurruño, una persona con un cerebro sano puede identificar el problema y encontrar una solución, como darle la vuelta a la prenda o alisarla. Cuando estamos probándonos una prenda e introduciéndola por la cabeza, el cerebro está calculando su tamaño. Y el cerebro sabe también el tamaño de nuestra espalda. No es nuestra talla.

Podemos, por tanto, silbar nuestra canción favorita, gracias a las praxias bucofaciales, formando una melodía simplemente controlando el flujo de aire entre los labios; podemos atarnos los zapatos involucrando una serie de movimientos complejos y secuenciales; trabajar en una cadena de producción con precisión; podemos preparar una receta de cocina, medir ingredientes, mezclar, picar y seguir una secuencia específica; podemos arreglar un grifo, identificar y juntar piezas, apoyándonos en nuestra percepción visual y coordinación mano-ojo, y podemos bailar o seguir una coreografía. Nuestro cerebro coordina todos esos movimientos rítmicos y secuenciales, como escribir o dibujar, ya sea redactando en un teclado o trazando con lápiz sobre un papel, con coordinación entre la percepción visual y la motricidad fina. Asimismo, podemos hacer gestos mientras hablamos, mover las manos y el cuerpo al conversar o tocar un instrumento musical, aunque sea una simple melodía en un instrumento. Para todo ello estamos usando una combinación de praxias.

Tenemos la capacidad para hacerlo, pero no digo que se pueda hacer a la perfección, ni siquiera de manera aceptable. Es como el chiste del que va al médico y, después de una operación, le pregunta al doctor: «¿Y podré jugar al golf?», y el médico responde: «Por supuesto». «Pues qué bien, porque no he jugado nunca y no sé».

Pues eso, la capacidad la tenemos; la habilidad, no lo sé.

Las praxias son muy útiles para evaluar daño cerebral, un criterio objetivo para evaluar el desarrollo de redes neuronales frontoparietales y estructuras del sistema nervioso espejo. Además, mientras que con el paso de los años puede producirse una disminución natural de ciertas habilidades cognitivas, esta disminución no suele ser significativa en las praxias de la mediana edad en individuos sanos. Si alguien experimenta dificultades notables, es esencial buscar una evaluación médica. Una buena pregunta es si el entrenamiento en praxias motoras complejas puede ser un buen entrenamiento cerebral. La mayoría de los estudios relacionados con un posible declive en praxias y el rendimiento general durante la mediana edad se centran, cómo no, en los déficits y pretenden hacer evaluaciones para detectar problemas de praxias en algunas patologías. En esos artículos, inevitablemente, vemos una muestra normativa que nos puede aportar luz sobre si estas funciones se deterioran o no con el paso de los años. En una de esas investigaciones se sometió a unos cincuenta sujetos a una batería de apraxia de extremidades, compuesta por numerosos subtest para evaluar tanto los aspectos semánticos de la producción gestual como el rendimiento motor en sí. Las tareas abarcaban aspectos léxico-semánticos relacionados con la producción gestual y la actividad motora en respuesta a comandos verbales e imitación. En los resultados no se observaron efectos de género en ninguno de los subtest. Solo el subtest que involucra el reconocimiento visual de gestos transitivos mostró una correlación entre el rendimiento y la edad. Sin embargo, sí vieron que el nivel educativo influía en el rendimiento del sujeto para todos los subtest que involucraban acciones motoras, y para la mayoría de estos se observaron correlaciones moderadas entre el nivel de educación y el rendimiento de las tareas práxicas. El nivel educativo de los participantes puede tener una influencia importante en el resultado de las pruebas de praxias, pero solo en las praxias a la planificación, es decir, quizá las diferencias vengan más de la función ejecutiva y no de las praxias. No se concluye, por tanto, que haya una modificación o declive en la muestra normativa de mediana edad en las praxias ya adquiridas.

No se puede decir que las praxias terminan o comienzan en la función ejecutiva, pero lo cierto es que se superponen y se influyen mutuamente en muchas áreas del comportamiento humano. La interacción humana con el entorno requiere una adaptación fluida basada sobre todo en el movimiento. Cada acción, simple o compleja, se deriva de la coordinación muscular controlada por la corteza cerebral. Esta actividad motora puede dividirse en dos aspectos: la praxia, que es el componente psicológico involucrado en el procesamiento de la información para planificar un movimiento, y la motricidad, que es el aprendizaje y ejecución puramente física del movimiento sin procesamiento cognitivo. Para entender del todo una acción motora voluntaria, esta debe analizarse en tres fases: planificación, programación y ejecución motora. Solo la última fase es observable y modifica el entorno. La noción de representación es vital en los modelos de control de acción, y hace referencia a la información mental relacionada con el objetivo y las consecuencias de una acción y las operaciones neuronales previas y durante su ejecución. Finalmente, para llevar a cabo una acción de manera eficaz, necesitamos procesar información tanto del espacio externo (visual, auditivo, etc.) como del propio cuerpo, conocido como «propiocepción». Esta capacidad nos permite tener consciencia de la posición de nuestro cuerpo y de sus movimientos en relación con el espacio, incluso sin verlos directamente.

La intersección entre las praxias y la función ejecutiva puede encontrarse en la planificación y ejecución de tareas motoras complejas. Por ejemplo, cuando aprendemos una nueva habilidad motora (como tocar un instrumento musical), la función ejecutiva nos permite prestar atención a las instrucciones, planificar nuestros movimientos, monitorear nuestro progreso y ajustar nuestro comportamiento según sea necesario, y si una persona tiene una lesión en áreas del cerebro relacionadas con la función ejecutiva, podría tener dificultades no solo con tareas tradicionalmente consideradas ejecutivas (como la planificación), sino también con tareas motoras que requieren planificación y ajuste. Así que, aunque las praxias y la función ejecutiva no son lo mismo, están estrechamente relacionadas en la forma en que planificamos, coordinamos y ajustamos nuestros movimientos y comportamientos.

Probablemente sí se produzca un declive en las praxias, porque no solo depende de la zona del cerebro que controla nuestro movimiento, sino también de la función ejecutiva en la planificación de praxias complejas, de la velocidad de procesamiento y de la atención.

Por último, no dejaré sin explicar lo que es la propiocepción, para que luego leas el capítulo de la mujer desencarnada de *El hombre que confundió a su mujer con un sombrero*, el libro de Oliver Sacks. La propiocepción y las praxias son conceptos diferentes, aunque ambos estén relacionados con la percepción y el movimiento. La propiocepción se refiere a la percepción o conciencia que tiene el cuerpo de su propia posición y movimiento en el espacio. Es una forma de percepción sensorial que proviene de receptores localizados principalmente en músculos, tendones y articulaciones. Estos receptores proporcionan información sobre el grado de tensión y la posición relativa de las partes adyacentes del cuerpo. Gracias a la propiocepción, somos capaces de saber, por ejemplo, si nuestro brazo está levantado o colgando, incluso si cerramos los ojos. ¿Te imaginas que tuviéramos que pensar cada vez que nos movemos? Tus praxias a tu edad se han automatizado hasta el punto de poder hacerlo sin tener que pensar conscientemente en cada componente del movimiento. Tiene mucho que ver con las gnosias, de las que hablamos en el siguiente apartado, y la habilidad de nuestro cuerpo de reconocer su posición en el espacio sin necesidad de mirar. Es una conciencia de la posición, movimiento y estado de equilibrio de nuestro cuerpo, incluso con los ojos cerrados. Por ello, podemos caminar en la oscuridad. Supón que te levantas por la noche para ir al baño; aunque está oscuro, puedes llegar allí sin tropezarte porque sabes dónde están tus pies y cómo moverlos; también puedes escribir sin ver tus manos, porque sabes exactamente dónde están tus dedos, o ponerte en equilibrio en una pierna, porque tu cuerpo hace ajustes microscópicos basados en la propiocepción para ayudarte a mantenerte equilibrado. Cuando te mareas en un coche o en algunos juegos de realidad virtual, es porque tu cuerpo y lo que ve tu cerebro y procesa con otros sentidos no terminan de encajar.

En general, la competencia motora se adquiere poco a poco, y es un marcador del neurodesarrollo anómalo, al igual que las praxias anómalas son indicadores de que algo no funciona bien. Pero el declive normal en las praxias o en nuestras habilidades motoras cognitivas dependerá en gran parte del entrenamiento que hayamos hecho en nuestra vida al respecto. Hay muchas diferencias entre un músico y alguien que no lo es, o entre un deportista de élite y otro aficionado, y probablemente si una praxia no ha sido bien entrenada hasta llegar a la mediana edad, nos resultará más difícil adquirirla con soltura, o por lo menos con la eficacia de un adulto joven. Tal vez toques el piano o conozcas a alguien que lo haga; la pregunta es: de los cuarenta a los sesenta, ¿has notado que tu ejecución sea peor?, ¿o más lenta?, ¿o que te atasques en algunos movimientos específicos?

Gnosias: sentir con la cabeza

Las gnosias son funciones cerebrales que nos permiten reconocer e identificar estímulos a través de experiencias previas, sin depender únicamente de nuestros sentidos primarios. En lugar de solo percibir líneas y colores, gracias a las gnosias, podemos identificar un objeto como un dibujo y su representación.

Las gnosias operan en diferentes niveles del procesamiento de información. Primero, en una etapa de categorización perceptual, donde se integra y organiza la información sensorial. Después, en una etapa de categorización semántica, donde esta percepción se asocia con el conocimiento previamente almacenado en el cerebro para darle un significado. La integración de las gnosias es multisensorial, y aunque existen gnosias específicas para modalidades sensoriales (como visuales o auditivas), en situaciones cotidianas a menudo involucran la integración de información de todos los sentidos. Por ejemplo, reconocer un objeto puede implicar tanto su aspecto visual como su tacto o el sonido que produce, y sin olor no podríamos distinguir al tacto, o incluso a la vista, la nata de la espuma de afeitar. Las gnosias no dependen de una única área cerebral, sino que son el resultado de redes cerebrales complejas que integran áreas sensoriales primarias con regiones especializadas en el procesamiento de información más avanzado. Así, mientras que la corteza visual primaria en el lóbulo occipital está implicada en el procesamiento visual básico, otras áreas en los lóbulos temporal y parietal participan en el reconocimiento e identificación de objetos.

Aunque nacemos con la capacidad básica para el procesamiento gnósico, nuestras experiencias y aprendizajes a lo largo de la vida afinan y expanden estas habilidades. Así, un músico entrenado desarrollará gnosias auditivas más sofisticadas para reconocer y distinguir sonidos que una persona sin entrenamiento musical. Un catador experto o incluso el aficionado distinguirá mejor que yo un queso o un vino. En un cerebro sano, las gnosias son esenciales para dar sentido al mundo que nos rodea, permitiéndonos no solo percibir estímulos, sino reconocerlos, identificarlos y comprenderlos en el contexto de nuestras experiencias y conocimientos previos. Las habilidades gnósicas suelen ser bastante resistentes al declive relacionado con la edad y, aunque no puedo afirmarlo, dudo que un catador joven sea mejor que uno de mayor edad.

Respecto a los sentidos, los tipos de gnosias se pueden clasificar en visuales, que permiten reconocer objetos, colores y rostros y son fundamentales para la identificación y categorización de estímulos visuales; auditivas, que nos permiten reconocer sonidos, ya sean palabras (verbales) o sonidos del entorno (no verbales); espaciales, que facilitan que reconozcamos nuestro propio lugar en un espacio determinado, y corporales, relacionadas con la percepción de partes de nuestro cuerpo y que permiten la identificación y localización de las partes de este y su relación espacial con el entorno, además de las sensaciones propias del tacto y el olfato. Las personas ciegas o sordas poseen otras capacidades gnósicas y tendrán otros desarrollos de estas.

En la madurez cerebral normal y saludable, las habilidades gnósicas suelen mantenerse bastante estables. Aunque podemos experimentar cierto declive en la velocidad con la que procesamos la información o en la capacidad de recordar detalles específicos, nuestra capacidad para reconocer caras familiares, objetos cotidianos, olores, sabores y sonidos sigue siendo robusta.

La preservación de las gnosias con la edad puede atribuirse a la experiencia acumulada, ya que, a lo largo de los años, sumamos una vasta cantidad de experiencias y conocimientos que fortalecen nuestras redes neurales asociadas con el reconocimiento, y como las gnosias no dependen de una única área del cerebro y existen múltiples vías y redes neurales involucradas en estos procesos, puede proporcionar cierta redundancia y resiliencia contra los efectos del envejecimiento.

Las gnosias visuales también pueden dividirse según su identificación asociada. Así, la gnosia de objetos es la habilidad del cerebro para reconocer cosas a través de información visual. Al ver un objeto, el cerebro procesa la información y le atribuye un significado basado en experiencias previas y en su información semántica. En algunas demencias, coger unas llaves y no saber para qué sirven no implica que se te haya olvidado para qué sirven estas, sino que es una agnosia del objeto. Por su parte, las gnosias del color son la capacidad de identificar colores y asociarlos a objetos específicos. No se trata solo de percibir el color, sino de entender su significado y cómo se relaciona con un objeto. La gnosia perceptiva permite diferenciar entre objetos similares basándose en detalles visuales y reconstruir mentalmente imágenes visuales, mientras que las gnosias asociativas permiten relacionar esas formas con objetos específicos, como asociar un rectángulo con un libro. Asimismo, existe la gnosia de movimiento, que nos permite reconocer la perfecta unión del tiempo y el espacio y un objeto que se mueve en él.

Alessandro Baricco, en *Tierras de cristal*, describe no individualmente, sino con otros déficits, una agnosia de movimiento. «Detener el mundo en su mirada» es una poética forma de llamarlo, pero fijémonos en las descripciones: «Mormy tenía algo complicado en la cabeza. Quizá era una enfermedad [...] porque en su cabeza nunca habían podido entrar, en fila, rápidamente, todas esas imágenes. [...] En la carrera de caballos: él los veía partir; veía el instante en el que la masa de caballos y jinetes se retorcía como un ardiente muelle aplastado [...]. Así corrían los demás hasta el final y vencía el vencedor entre el gran clamor de todos: pero Mormy todo eso no lo veía nunca. Él la carrera se la perdía siempre, anclado en la salida. [...] el resultado era que Mormy poseía del mundo una percepción, por decirlo así, intermitente. Una sarta de imágenes fijas maravillosas, y jirones de cosas perdidas que jamás llegan hasta sus ojos. Una percepción sincopada. Los demás percibían el devenir. Él coleccionaba imágenes». La poética y el relato y la sutileza de patología referida por Baricco me recordó, o mejor, me dio una intuición sutil y pensé... sufrir una agnosia de movimiento debe de ser algo parecido a eso. Como siempre, seguro que irá unido a otras cosas, pocos déficits concretos y tan localizados vemos los neuropsicólogos, pero es probable que sea algo parecido. El autor dice: «jamás llegan hasta sus ojos»; no llega al cerebro y no es procesado el movimiento, con lo que nos quedamos con una sarta de imágenes fijas sin recomponer.

La prosopagnosia (*prosopo*, «cara», *a* «no», y *gnosia* «conocer») es la no habilidad de reconocer rostros. La conocemos principalmente como prosopagnosia al describir el déficit, así que no se si el término prosopognosia (sin a) sería correcto. Se trata de una función cerebral crucial para nuestra vida social. A través de la información visual y las memorias previas, el cerebro puede identificar rostros conocidos de manera casi instantánea. Esta habilidad puede verse afectada por lesiones en áreas específicas del cerebro y también puede variar en diferentes personas, sin ser patológica. Todo el mundo conoce a alguien que se acuerda de los nombres, pero no de las caras, y al revés. A veces, incluso puede resultar incómodo socialmente. Es una capacidad unida a una habilidad mayor o menor, como las praxias.

El reconocimiento de caras y la tendencia a ver rostros en objetos o patrones se conoce como «pareidolia». Es una manifestación de cómo están cableados nuestros cerebros para la conexión social y el reconocimiento de patrones, ya que somos seres inherentemente sociales, y reconocer rostros es fundamental para nuestras interacciones. Reconocer y recordar caras nos permite establecer relaciones, crear confianza e interactuar de manera significativa con los demás. No solo identificamos rostros, sino que también leemos expresiones faciales para determinar emociones, intenciones y estados de ánimo, lo que facilita la comunicación no verbal y la empatía. La pareidolia es un fenómeno que refleja la capacidad de nuestro cerebro para identificar patrones y conexiones; vemos caras sonrientes en el parachoques de un coche o figuras humanas en las nubes. Más allá de un simple juego visual, para algunas personas estas caras en objetos inanimados brindan un sentimiento de compañía, por lo que nuestra nevera con imanes sonrientes nos hace ser una especie de animistas y los objetos con cara pueden hacer que extrememos su cuidado. ¿Recuerdas la película del náufrago de Tom Hanks? Y a su pelota...

No es raro encontrar en redes sociales fotos de estos curiosos hallazgos que nos hacen reír o asombrarnos. Nuestra habilidad para reconocer caras, incluso en objetos, es una muestra del cerebro para identificar y recordar patrones. Esta habilidad es esencial en muchas áreas de la vida, desde resolver problemas hasta tomar decisiones basadas en experiencias pasadas, y enlaza directamente con el siguiente apartado donde hablo de la función ejecutiva y con los sesgos a los que nos referiremos más adelante.

Sigamos con las gnosias. Las lesiones en diferentes zonas del cerebro pueden afectar a la percepción y asociación de los sonidos y a la comprensión del lenguaje. Las gnosias espaciales son la habilidad que permite al cerebro orientarse en espacios conocidos, reconocer puntos de referencia y ubicar objetos o ciudades en un mapa. Hace unos años se hizo famoso el caso de una chica que, tras una meningitis, tuvo un problema de este tipo: se perdía en lugares conocidos. No se trata de una enfermedad, como decían, sino de un daño cerebral provocado por la meningitis que afectó a esta capacidad. En algunas situaciones, puede haber una falta de reconocimiento de estímulos en un lado específico del campo visual, lo que se denomina «agnosia espacial unilateral». También hay gente que se orienta mejor y otra peor, y los navegadores digitales pueden hacer que esta habilidad no sea tan buena. Una buena actividad cognitiva cuando viajamos puede ser hacer el mapa de una ciudad e intentar llegar a los sitios sin la aplicación móvil, utilizando nuestra orientación y nuestras referencias (ríos, mares, montañas o grandes edificios); la práctica y el esfuerzo confieren fortaleza a las habilidades.

Algunos ejemplos cotidianos de gnosias son reconocer a un amigo por su voz, aunque no podamos verlo y casi ni visualizarlo en nuestra imaginación, o incluso por sus andares cuando lo vemos de lejos; oler nuestro plato favorito y anticipar su sabor; identificar un objeto en el bolsillo sin mirar y saber que son las llaves; identificar una canción en los primeros segundos antes de que la letra comience —ya sabemos qué canción es por su ritmo o melodía inicial—; caminar por nuestra casa en la oscuridad aunque no veamos con claridad y sin tropezar con algún mueble, utilizando la gnosia espacial en combinación con la praxia corporal. Asimismo, es posible distinguir entre agua caliente y fría, reconocer lugares por su apariencia o sensación, y saber cuándo alguien está detrás de nosotros, aunque no lo estemos viendo: es una sensación espacial que indica su presencia. Podemos reconocer un sabor específico, al probar algo, e inmediatamente saber si es dulce, salado, amargo o ácido, o si lleva piñones. Estos ejemplos cotidianos son un testimonio de cómo nuestro cerebro está constantemente procesando, reconociendo e interpretando estímulos. Las gnosias conforman nuestra interacción y comprensión del mundo, son la habilidad cognitiva que nos permite reconocer e identificar estímulos sensoriales, como objetos, personas o sonidos, a través de nuestros sentidos, sin que ni siquiera lo notemos. Con estas habilidades explicadas, nos adentraremos en la integración de todas estas funciones y su efectividad: la función ejecutiva.

2

Funciones cognitivas complejas. La función ejecutiva

Las funciones ejecutivas, alojadas en los lóbulos frontales del cerebro, son, sin duda, las reinas de nuestras capacidades cognitivas. Hasta hace poco, estas funciones y el órgano que las aloja eran considerados como entidades silentes. La trágica historia de Phineas Gage, un trabajador ferroviario que sufrió un accidente en el que una barra de hierro atravesó su cráneo, lesionando su lóbulo frontal, fue el suceso que arrojó luz sobre la importancia vital de esta parte del cerebro. El caso de Gage es emblemático en la historia de la neuropsicología. A raíz del accidente, su personalidad y comportamiento experimentaron cambios drásticos. Mientras que antes del incidente era considerado por sus allegados como un hombre responsable y amable, después se volvió impulsivo, desinhibido y con serias dificultades para planificar y tomar decisiones. Este caso fue pionero para poder explicar la crucial función del lóbulo frontal en la regulación de nuestras emociones, impulsos y acciones.

La neuropsicología, como comentaba en la introducción, es una disciplina que ha avanzado a través de observaciones derivadas de desgraciados accidentes y enfermedades. En tiempos antiguos, se realizaron trepanaciones para eliminar quirúrgicamente partes del cerebro que eran a veces usadas para tratar a personas con enfermedades mentales. Al dañar el lóbulo frontal, introduciendo un punzón por encima del ojo, estas personas, a menudo volátiles o impulsivas, se volvían más apáticas y dóciles, lo que evidencia la importancia de esta región cerebral en nuestra conducta.

Las funciones ejecutivas abarcan una amplia gama de habilidades, desde la toma de decisiones y la planificación hasta la inhibición de respuestas y la flexibilidad cognitiva. Su ejercicio y mantenimiento son fundamentales para la vida cotidiana. Cuando fallan, nuestra vida puede desmoronarse. Las simples tareas diarias se vuelven un desafío, la toma de decisiones adecuadas se dificulta y la autorregulación se debilita.

Todas las funciones básicas antes descritas se dirigen desde la función ejecutiva, por tanto, atención, memoria, praxias, gnosias y lenguaje pueden verse afectados cuando la función ejecutiva no funciona de manera óptima.

Control cognitivo

La función ejecutiva, que puede describirse como el director de orquesta del cerebro, coordina un conjunto de habilidades cognitivas superiores que nos permiten planificar, organizar, tomar decisiones y realizar tareas complejas. Sin embargo, para que este director pueda actuar eficazmente, se requiere de un control cognitivo robusto que actúe como un conjunto de herramientas o instrumentos a su disposición. El control cognitivo, en esencia, se refiere a los procesos atencionales complejos que, unidos a la memoria de trabajo y la memoria a corto plazo, posibilitan llevar a cabo la ejecución directiva. Es la capacidad de supervisar y ajustar activamente los procesos básicos para lograr objetivos y adaptarnos a situaciones cambiantes.

El control cognitivo depende de la atención selectiva como habilidad para centrarse en la información relevante mientras se ignoran las distracciones, necesario para cualquier tarea que requiera planificación o decisión y está supeditado a la memoria de trabajo, que actúa como una extensión de la atención, permitiéndonos mantener y procesar información activamente en nuestra mente mientras realizamos tareas cognitivas. La memoria de trabajo tiene unos componentes específicos, como la agenda visoespacial —que se encarga de mantener y manipular la información visual y espacial— y el bucle fonológico —que se encarga de la información verbal y auditiva—. Por ejemplo, al intentar recordar una serie de números o palabras empleamos el bucle fonológico, mientras que, si queremos recordar la disposición de objetos en un espacio, usamos la agenda visoespacial. La memoria a corto plazo sirve como un almacenamiento temporal para la información que estamos utilizando de forma activa. Aunque está estrechamente relacionada con la memoria de trabajo, no implica que el procesamiento activo de dicha información.

Por tanto, una vez que hemos dirigido nuestra atención adecuadamente, procesado la información mediante nuestra memoria de trabajo y almacenado datos en la memoria a corto plazo, la función ejecutiva orquesta y determina cómo actuar basándose en esa información recopilada. De esta manera, se produce el control cognitivo, que trabaja de la mano con la función ejecutiva: el control cognitivo proporciona las herramientas necesarias, mientras que la función ejecutiva decide cómo usar esas herramientas para alcanzar un objetivo o completar una tarea.

El control cognitivo nos permite manejar y procesar la información sensorial y perceptual de una manera más integrada y eficiente. También aporta un reconocimiento integrado, para poder reconocer personas, lugares y objetos de forma coherente, utilizando tanto la memoria como las señales contextuales para construir una comprensión integrada del mundo que nos rodea. La función ejecutiva facilita la transferencia intermodal, lo que significa que podemos integrar y coordinar información de diferentes sentidos. Por ejemplo, relacionar la sensación táctil de un objeto con su apariencia visual. Así, podemos guiar nuestra atención de modo intencionado, asegurándonos de que nuestra percepción esté alineada con nuestras metas y prioridades en un momento dado e incluso no prestar atención a un distractor deliberadamente si no es lo que queremos. Esto evita la fragmentación y asegura una exploración visual completa y adecuada y nos permite interpretar con corrección lo que percibimos, utilizando no solo la información sensorial en sí, sino también nuestro conocimiento previo, las señales contextuales y la lógica para llegar a una comprensión coherente y precisa de nuestra experiencia. Y aunque nos pueda recordar a lo que hablamos cuando tratamos las gnosias y las praxias, es nuestra función ejecutiva la que maneja la información y dirige los sistemas perceptivos.

La función ejecutiva, con este control cognitivo, se encarga de que tengamos respuestas orientativas y exploratorias. Nuestra función ejecutiva nos permite responder activamente a los estímulos presentes; podemos explorar nuevos entornos, aprender sobre el mundo que nos rodea y adaptarnos rápidamente a situaciones cambiantes. La primera vez que entramos en un restaurante desconocido, automáticamente observamos el entorno: la disposición de las mesas, el lugar donde se encuentra la caja, dónde nos queremos sentar. Esta respuesta inicial de exploración ayuda a familiarizarnos con rapidez con el nuevo ambiente. Al conducir por una carretera nueva o al desplazarnos por un área que no conocemos, los sentidos están alerta; observamos señales de tráfico, buscamos indicaciones o puntos de referencia para asegurarnos de ir en la dirección correcta. Cuando llegamos a una ciudad que nunca hemos visitado, nos orientamos gracias a sus lugares más icónicos, los patrones de tráfico, las tiendas y las zonas turísticas. Incluso podríamos explorar un mapa o utilizar una aplicación del teléfono que nos sirva de ayuda. Inmediatamente después de adquirir un nuevo teléfono móvil u ordenador, pasamos un tiempo explorando sus características, navegando por sus aplicaciones y ajustando las configuraciones a nuestro gusto. Y cuando conocemos a alguien, de forma natural exploramos temas de conversación, observamos su lenguaje corporal y escuchamos sus respuestas para orientarnos y conectar con esa persona.

Más allá de simplemente notar lo que está a nuestro alrededor, la función ejecutiva, gracias a la atención controlada, nos brinda la habilidad de dirigir nuestra atención a tareas específicas, permitiéndonos centrarnos en pequeños detalles, estudiar, trabajar o simplemente disfrutar de un buen libro sin distraernos. Si escuchamos activamente una conversación, a pesar de tener nuestros propios pensamientos o preocupaciones, optamos por escuchar lo que la otra persona está diciendo e incorporamos nuestro discurso a la situación. Podemos ver muchas funciones ejecutivas en una conversación, no solo en la adecuación del lenguaje y el discurso, sino también en la prolijidad, la corrección según el entorno o la repetición de ideas. Las perseveraciones y un excesivo detalle innecesario son fallos del cerebro en la organización del discurso.

Si podemos leer un libro en un lugar ruidoso, aunque haya personas charlando alrededor o música sonando; si podemos hacer yoga o meditación, a pesar de los pensamientos intrusivos, y elegir centrarnos en la respiración o en una pose específica; si cuando jugamos a un videojuego complicado nos enfocamos en las tácticas, movimientos y estrategias, ignorando el tiempo o las distracciones externas, o aprendemos a tocar una canción con un instrumento centrándonos en las notas, ritmos y técnicas específicas, practicando repetidamente hasta perfeccionarla, estamos usando nuestra función ejecutiva.

La función ejecutiva, junto a la memoria prospectiva, nos da la capacidad de planificar para el futuro. Ya sea organizando nuestro día, planificando un viaje o estableciendo metas a largo plazo, nuestra capacidad para anticipar y organizar es necesaria para llevar a cabo tareas complejas. Por ejemplo, cuando organizamos un viaje, decidimos el destino, investigamos las mejores ofertas de vuelos, elegimos el alojamiento, pensamos en las actividades y lugares que visitar, y hacemos una lista de cosas para el equipaje. Si somos capaces de trabajar en una tarea con plazo límite, aunque haya otros asuntos pendientes o correos electrónicos entrantes, y priorizamos la tarea en cuestión; si organizamos una fiesta, un planazo de boda, seleccionamos una fecha, enviamos invitaciones, decidimos el menú o las bebidas, elegimos la música y planificamos actividades o juegos; o si optamos por arreglar el grifo que gotea, investigamos cómo hacerlo, compramos los materiales, decidimos el orden de los pasos que seguir y programamos el tiempo que va a llevar todo ello, estamos usando nuestra función ejecutiva. Mudarse de casa, ahorrar dinero para un objetivo o hacer un plan para entrenar una maratón, y en general aprender una nueva habilidad y ajustar el plan de aprendizaje puede ser algo que no parece demasiado complicado, y podemos creer que únicamente es una cuestión de hábitos. Pero siempre está presente la función ejecutiva y el seguimiento prospectivo del plan, antes de entrar en otras consideraciones como motivación y continuidad. Hay muchos libros de divulgación sobre los hábitos, muchos excelentes; comprarlos, leerlos, apostar por su implantación y seguirlos es una muestra de la función ejecutiva.

La flexibilidad cognitiva es la habilidad para ser flexibles y adaptarnos a diferentes situaciones. Esta adaptabilidad nos permite cambiar nuestro enfoque según lo que la situación demande, ya sea cambiar de táctica cuando algo no está funcionando o adaptarnos a un nuevo ambiente. La flexibilidad o falta de rigidez es esencial para la resolución de problemas, y a veces para la mejora de la regulación emocional: si, por ejemplo, estamos montando un mueble de una conocida tienda y nos damos cuenta de que falta una pieza, en lugar de frustrarnos, buscamos una alternativa o solución para completar el montaje sin esa pieza específica. Si sale mal, siempre podemos subir una foto a los foros de desastres y reírnos de ello.

Si teníamos planeado un día al aire libre, pero de repente empieza a llover y rápidamente decidimos hacer una tarde de juegos de mesa en casa en lugar de lamentarnos por el cambio climático; si estamos acostumbrados a usar un software específico para el trabajo, pero la empresa decide implementar uno nuevo y después de resoplar adaptamos nuestra manera de trabajar y aprendemos a utilizar esta nueva herramienta; si durante una discusión, alguien presenta un punto de vista diferente al nuestro y, en lugar de aferrarnos a él, consideramos su opinión y quizá incluso cambiamos nuestro punto de vista; si al jugar a juegos de mesa o videojuegos, adaptamos la estrategia basándonos en las acciones de otros jugadores o cambios en el juego; si estamos preparando una receta y nos damos cuenta de que falta un ingrediente y, en vez de abandonar, pensamos en un sustituto adecuado y continuamos con la receta cambiando un poco la receta de nuestra madre; o si al leer un libro complejo o material académico vemos una idea que contradice lo que anteriormente creíamos, reflexionamos sobre ella y la asimilamos; si nos encontramos con una carretera cerrada o un desvío inesperado y, en lugar de entrar en pánico, rápidamente buscamos una ruta alternativa, estamos usando de manera funcional y adaptativa nuestra función ejecutiva. Si ante la adversidad o los cambios de rutina modificamos nuestra motivación, por ejemplo, si el gimnasio cierra temporalmente por renovaciones y en lugar de saltarnos los entrenamientos y quedarnos en casa hasta que abran, decidimos probar clases de yoga o correr al aire libre, o si nos asignan trabajar con un equipo diverso con diferentes habilidades y perspectivas o con una nueva persona, y en lugar de imponer nuestro método, trabajamos con ellos para encontrar un enfoque que aproveche las fortalezas de todos, estamos siendo funcionales, flexibles y adaptados al instaurar un nuevo hábito. La flexibilidad cognitiva puede ser un punto esencial, como apuntan los expertos, sobre todo en eliminación de hábitos que no son beneficiosos, permitirnos fallos y recaídas y persistir en los objetivos. Todo ello lo hacemos gracias a nuestra función ejecutiva, y será clave para la consecución de los mismos.

Control conductual y emocional

La flexibilidad va acompañada de la regulación emocional y conductual. Las funciones ejecutivas también juegan un papel clave en la regulación de nuestras emociones y comportamientos. Nos permiten mantener la calma bajo presión, resistir impulsos y tomar decisiones importantes sin ceder a nuestras reacciones inmediatas. Me refiero a la capacidad de gestionar y controlar nuestras emociones y comportamientos, especialmente en situaciones difíciles o desafiantes, que no podemos achacar a nuestra personalidad, sino a una habilidad esencial para el bienestar emocional y para establecer relaciones saludables. Gracias a esta gestión podemos manejar el estrés a pesar de tener un día complicado en el trabajo, tomarnos un momento para respirar profundamente, darnos un pequeño descanso y volver a la tarea con una mente más clara. Manejamos los conflictos interpersonales al enfrentarnos a un desacuerdo con un amigo, escuchamos activamente su punto de vista y expresamos nuestros sentimientos con calma y claridad. Nos permite estar abiertos a posibles críticas al recibir retroalimentación sobre algo que debemos mejorar, incluso podemos agradecer el comentario y buscar formas de implementar las sugerencias. También, si trabajamos en el control de impulsos, por ejemplo, y frenamos un fuerte deseo de comprar algo que está fuera de nuestro presupuesto porque realmente no lo necesitamos en este momento, estamos utilizando la flexibilidad, la planificación y la regulación emocional. También nos regulamos ante situaciones inesperadas, como una mala noticia, y nos permitimos sentir la tristeza o el disgusto, buscando apoyo y maneras constructivas de manejar la situación. La función ejecutiva es clave para la madurez emocional, ya que nos permite procesar y responder a las emociones de una manera madura y adaptativa, evitando respuestas pueriles o inmediatas. Somos capaces de reflexionar sobre nuestras emociones antes de actuar basándonos en ellas. También son la clave de nuestra estabilidad emocional, y aunque podemos sentir emociones intensas, la función ejecutiva nos da la capacidad de mantener la estabilidad, evitando oscilaciones emocionales extremas y rápidas. Pero también es la habilidad de tener profundidad emocional, la capacidad de formar vínculos y apreciar experiencias complejas como el arte y empatizar con los desastres de una guerra lejana.

La función ejecutiva también es la base de nuestras habilidades de socialización. Cuando alguien cuenta un chiste a expensas de otro y no reímos por cortesía, optamos por no participar y cambiamos amablemente de tema; o tenemos paciencia en la rutina, estamos esperando en una larga fila y nos sentimos impacientes y, lejos de quejarnos o desesperarnos, usamos ese tiempo para escuchar música o simplemente observar el entorno; cuando intentamos controlar la expresión de emociones y cuando nos sentimos abrumados, no las reprimimos y buscamos un momento tranquilo para hablar con alguien de confianza o tan solo llorar; y si nos atrevemos a enfrentarnos a desafíos y, ante un obstáculo en un proyecto personal, en vez de sentirnos derrotados, reconocemos la emoción de frustración, reflexionamos sobre las posibles soluciones y ajustamos el enfoque, estamos usando nuestra función ejecutiva. Una buena regulación emocional y conductual no significa evitar o reprimir las emociones, sino más bien reconocerlas, aceptarlas y gestionarlas de una manera saludable que promueva el bienestar y el crecimiento personal.

Te preguntarás dónde quedan trastornos como la depresión y la ansiedad, y si estos significan que tu función ejecutiva está dañada. No y sí. La depresión es probable que cognitivamente se fragüe en una incompetencia aprendida, ya que el que se siente incapaz o sabe que no puede hacer algo frente a una situación de forma reiterada terminará deprimiéndose y teniendo ansiedad, una sensación de no control. No es el lugar para hablar de estos trastornos, pero sí diré que las personas con ansiedad y depresión dan peores resultados en test de atención y función ejecutiva. Y es probable que, de superarlos, las funciones ejecutivas, la atención y la memoria mejoren.

Por último, con la función ejecutiva también gestionamos la motivación y el interés en su estado óptimo, pues nos impulsa hacia metas, nos da curiosidad sobre el mundo y nos mantiene activos y comprometidos con nuestras tareas y proyectos. Nos lleva hacia el aprendizaje autodirigido, como cuando tropezamos con un artículo sobre astronomía y, aunque nunca nos habíamos interesado antes por el tema, nos sumergimos en más lecturas, vídeos y quizá incluso compremos un telescopio para explorar las estrellas nosotros mismos. Nos embarcamos en proyectos creativos y comenzamos a escribir una historia o a pintar un cuadro simplemente porque nos sentimos inspirados o tenemos una idea que nos entusiasma.

En el trabajo, abordamos los desafíos no como problemas, sino como oportunidades para aprender y crecer, invirtiendo horas adicionales en investigar y buscar soluciones porque sentimos pasión por lo que hacemos. También dirigimos nuestra acción al unirnos a un club de ajedrez o a un grupo de baile para mejorar nuestras habilidades y conectarnos con personas que comparten intereses similares. Establecemos metas personales, como aprender un nuevo idioma, y, motivados por el deseo de viajar o conectarnos con hablantes nativos, dedicamos tiempo cada día para practicar y aprender. Nos sentimos motivados para planificar una sorpresa para nuestra pareja o un amigo, no porque sea una ocasión especial, sino porque disfrutamos haciéndolos felices y manteniendo la relación viva. Nos proponemos solucionar un problema en el hogar, como arreglar algo roto, porque nos motiva la satisfacción de ser autónomos y capaces. En todas estas acciones, estamos utilizando nuestra función ejecutiva.

Un elemento añadido a lo anterior y muy muy importante es la habilidad para introducir cambios. Nuestra función ejecutiva nos otorga la capacidad de introducir modificaciones en nuestro comportamiento, permitiéndonos aprender de errores pasados, adaptarnos a nuevos escenarios y desarrollarnos continuamente. La habilidad para introducir cambios en nuestro comportamiento revierte en adaptación y crecimiento. Es una característica que nos permite reajustarnos según las circunstancias, mejorando nuestra eficiencia y éxito en tareas diversas. No calentarse uno mismo es un buen ejercicio de control. Así, nos damos cuenta de que ciertas acciones o palabras pueden herir a nuestra pareja o a un amigo, lo que lleva a que cambiemos el enfoque en la comunicación para ser más comprensivos y atentos, o nos empeñamos en incorporar al vocabulario la frase «¿Me explico?», en vez de «¿Me entiendes?», haciendo recaer en nosotros el problema de la incomunicación. Con este tipo de acciones veremos que la reacción del otro puede ser significativamente más de apertura y la discusión, ser muy diferente, partiendo de una comprensión mutua de la incomunicación y pretendiendo arreglarla.

La función ejecutiva se da cuando introducimos cambios en nuestra conducta de manera decidida, efectiva y propositiva. Por ejemplo, tras un pequeño susto en la carretera por mirar el móvil, optamos por no volver a usar el teléfono en el coche. También, cuando notamos un problema de gestión del tiempo debido a cambios, cansancio o estrés, y observamos que postergamos demasiado las tareas, lo cual nos genera más estrés, decidimos dedicar un día a aprender técnicas de administración del tiempo para ser más productivos. O cuando reconocemos la necesidad de adaptarnos a las nuevas tecnologías y dedicamos tiempo a aprender mediante un curso en línea. En general, es la habilidad de introducir cambios en nuestro comportamiento para adaptarnos, superar desafíos y mejorar en diferentes aspectos de la vida. Además, es fundamental para la autorreflexión, la automejora continua, el manejo del estrés y el control de la ansiedad. Establecer plazos, llevar a cabo acciones y evaluar la utilidad de lo ejecutado son componentes de la función ejecutiva, que contribuyen al bienestar personal, independientemente del resultado. La procrastinación puede ser una fuente de problemas en este proceso y depende también de la función ejecutiva.

La flexibilidad cognitiva, junto a la implementación de cambios conductuales y la motivación por aplicarlos, es una habilidad que nos permite adaptarnos a los cambios y enfrentar los desafíos de maneras innovadoras y efectivas. Es evidente que esta capacidad es muy importante para nuestra adaptación y éxito en diferentes ámbitos de la vida, ya sea académico, profesional o personal. A diferencia del cociente intelectual, que mide la inteligencia estándar, la flexibilidad cognitiva se refiere a la capacidad de pensar en nuevas ideas, adaptarse a situaciones cambiantes y encontrar soluciones creativas a problemas. Ayuda en la creatividad, empatía, comprensión de emociones ajenas y puede protegernos contra sesgos cognitivos que son, en general, la tendencia a tener patrones sistemáticos de pensamiento. El primero y más poderoso para mí, el de confirmación, se da cuando tendemos a buscar, interpretar y recordar la información de manera que confirme nuestras creencias preexistentes e ignoramos o descartamos aquella que contradice nuestras ideas.

Los sesgos son fuente de problemas y una de las «marcas» de la mediana edad. No quiero decir que no se dé en los jóvenes, pero a medida que adquirimos experiencia tendemos a transformar en hábitos los sesgos, por comodidad, por economía de tiempo y también por sentirnos un poco en nuestra zona de confort. Creo que este término tan de moda se ha malinterpretado a veces como una llamada al cambio de situaciones externas cuando en realidad sería una persistencia o perseveración en patrones y sesgos, y debería ser tratado de manera racional y cognitiva desde un punto de vista psicológico en terapia.

En neuropsicología usamos el término «anosognosia» para referirnos a una falta de conciencia sobre el propio déficit, que no permite el cambio constructivo. Lleva el sufijo -*gnosia* («ver»), y está formado por el prefijo *a-* y *noso-*: prefijo privativo + *nosos*, «enfermedad» + *gnosis*, «conocimiento». A veces es el propio daño el que lleva asociada la anosognosia como síntoma. En condiciones normales no somos especialmente buenos en reconocer defectos propios, y cuando lo hacemos, si no son bien gestionados, pueden confundirse con problemas de autoestima y repercutir finalmente en ella. Aceptar que no somos perfectos, que desconocemos muchas cosas o que podemos cambiar nuestra conducta es un leitmotiv de los libros de autoayuda. Reconocer que podemos hacer esos cambios porque nuestra función ejecutiva nos lo permite es una buena manera de comenzar.

A diferencia de la habilidad para introducir modificaciones, la flexibilidad cognitiva no implica solo poder ver las cosas desde otro punto de vista sin contrariarnos, sino además planificar un nuevo plan de acción sobre nuestro propio comportamiento y, por ejemplo, iniciar un nuevo hábito y llevarlo a cabo. Pero mejor hábito aún es acostumbrarnos a manejar la planeación de estrategias de comportamiento. Esto es la clave de las terapias de tipo cognitivo-conductual, que son las más efectivas y con mayor evidencia. La llevan a cabo los psicólogos, los bien formados y comprometidos con la ciencia. Si piensas que un psicólogo es una persona que no ofrece un tratamiento real porque no te proporciona fármacos, o que simplemente es una persona que escucha, o alguien que únicamente va a preguntar sobre si tu madre te dio el pecho, conoces al psicólogo equivocado, o al *coach* equivocado. Ve a un buen psicólogo. Te pondrá deberes, te pedirá un compromiso, te ayudará en la aceptación y te guiará para eliminar tus ideas irracionales, fuertemente arraigadas y que te hacen ver las cosas de manera rígida; te propondrá un plan de cambios, te acompañará en ellos y te guiará.

Ampliando el término, una persona tiene dificultades en sus relaciones interpersonales debido a ciertos comportamientos, pero no reconoce que estos son un problema, o no practica la habilidad de introducir cambios; está mostrando rigidez y anosognosia. Esta falta de reconocimiento puede hacer que el individuo no busque cambiar o mejorar en áreas donde podría beneficiarse. Un psicólogo puede ayudarnos también en esto. Nos confrontará y pedirá explicaciones, puede que nos incomode y no tengamos ganas de volver, pero si somos tenaces, veremos una mejora.

Respecto a la organización del resto de las funciones, el cerebro ejecutivo no solo organiza la conducta, sino que también se encarga, junto a la integración, del resto, de la organización secuencial de la memoria, el lenguaje y el tiempo. Esto produce mezclas raras en la delimitación de las funciones cognitivas, sobre todo cuando las explicamos con el mapa del cerebro en la mano.

Considerando el funcionamiento óptimo de la función ejecutiva respecto a las habilidades mnésicas, es posible ver en uno mismo cómo funcionan cuando tenemos productividad en tareas de retención: podemos acumular información de una vez a otra eficientemente, y nuestro primer día de trabajo no tendrá nada que ver con el mismo día del año siguiente, ya que habremos aprendido muchos procedimientos, habremos aprendido a manejarlos de manera eficiente e incluso a separar lo cotidiano de lo excepcional. Cuando la función ejecutiva está en su apogeo, no hay creación de estereotipos inamovibles y se evita la perseveración. Por ejemplo, si estamos aprendiendo una nueva habilidad, podemos construir sobre lo que aprendimos en una sesión anterior sin quedarnos atascados en un solo enfoque.

La función ejecutiva participa en el lenguaje tanto en producción como en comprensión, en la conceptualización, en el análisis y en la producción de oraciones comparativas y complejas, así como en la comprensión de segundos sentidos, referencias abstractas, refranes y frases hechas, o chistes y bromas con doble sentido. Pero también nos permite narrar de forma compleja un evento en orden cronológico o adecuarlo a las personas que nos escuchan, literalizarlo o incluso adaptarlo al cómic, llevarlo a una película en tres actos asincrónicos o crear con una historia ficticia una narración que represente una cinta de *Moebius*; y ya que voy en ascenso, hace que entendamos lo que es un oxímoron y frases tan graciosas como «basado en hechos reales que nunca ocurrieron», o aquella tan maravillosa de Jean-Paul Sartre que encabeza este libro.

Asimismo, la función ejecutiva se encarga de la vivencia del tiempo y su comprensión, como planificar una agenda diaria, sabiendo cuánto tiempo se necesita para cada tarea, o estimar cuánto nos llevará viajar de un lugar a otro, pero también adaptar nuestros conocimientos de física y astronomía para comprender tiempos más largos y vitales; y si no los tenemos, entender que un objeto caerá en un tiempo determinado o que un coche tardará treinta segundos en estar aquí, por lo que dará tiempo a cruzar la calle aunque no sea recomendable. Puede influir en cosas tan concretas como la puntualidad y en otras más abstractas como la fugacidad de la vida o su aprovechamiento vital. Con una función ejecutiva óptima, tenemos un sentido claro del tiempo. Parte de la habilidad para controlar nuestras funciones y la diversidad de estas depende de un mayor o menor uso. ¿Has tenido la oportunidad de ver la gestión del tiempo de alguien que trabaja continuamente con él?

Una vez fui a un programa de radio y pregunté:

—¿Me da tiempo a ir al baño?

A lo que me contestaron:

—Ah, sí, tienes tiempo, no salimos al aire hasta dentro de tres minutos.

¿Tres minutos? Mi habilidad en el control del tiempo no me permitía saber si debía ir entonces o aguantarme; la persona que me lo decía sí, y sabía que aún me sobrarían cuarenta segundos.

La función ejecutiva controla mejor o peor el tiempo y también implica tener una conciencia de cómo se está usando este, e implica que, sin preguntar al móvil, sabremos que le dedicamos demasiado tiempo a las redes sociales o a vídeos tontos que literalmente nos están robando la vida, como los Hombres Grises de *Momo*, de Michael Ende. Estos personajes son representaciones de seres oscuros que trabajan para robar el tiempo de la gente. Los Hombres Grises son enviados para convencer a las personas de que ahorren tiempo en su vida y lo depositen en un banco de tiempo ficticio. A través de sus engaños, les persuaden para ser más eficientes y estén más ocupadas, lo que resulta en que estas tengan menos tiempo para disfrutar de la vida y las actividades placenteras. La novela es una crítica a la sociedad que valora la eficiencia y la productividad sobre la calidad de vida y el tiempo para las cosas importantes. Ahora quizá podría recibir una vuelta de tuerca para metamorfosear cómo el tiempo se nos escapa de las manos en, precisamente, menos productividad.

En la actualidad, la gestión del tiempo es, en un cerebro adolescente con una función ejecutiva poderosa pero inmadura, una clara lacra. Hace poco leí que se están planteando prohibir los móviles a los niños y adolescentes. No sé cómo terminaremos manejando esto; sinceramente creo que habrá un gran debate tras el cual muchos acatarán la normativa y otros no. Puede que los niños y adolescentes que no usen pantallas tengan mejoras en su cognición, pero a largo plazo deberán enfrentarse a ellas, y los que sí las hayan usado llevarán mucha ventaja en el manejo y, si lo han conseguido, el control de estas, y se terminará haciendo una brecha.

Ted Chiang es un escritor de ciencia ficción americano, autor de cuentos cortos e impactantes, que remodela conceptos de arriba abajo y los sacude sin piedad, dejando ver la dificultad y complejidad de cada acción humana y sus repercusiones conductuales. Uno de sus relatos más famosos es *La historia de tu vida*, que fue llevada al cine como *Arrival* (*La llamada*) por Denis Villeneuve. De muy buena manera, para mi gusto. En el mismo volumen, otro cuento habla de la caliagnosia o agnosia de lo bello (ya hemos visto lo que son las gnosias), una ficción que habla de una operación cerebral reversible sobre la posibilidad de eliminar, o no, en los niños la percepción de la belleza de los rostros, lo que evitará la discriminación por ese motivo y propiciará relaciones creadas tan solo por la belleza interior de la persona, no por la suerte genética. La operación la deciden los padres, y cuando los caliagnósicos son mayores de edad pueden decidir si mantienen la caliagnosia o la desconectan. Algunos la mantienen y otros no, y algunos prueban y después vuelven a su estado inicial. La historia recoge el debate con razones y argumentos a favor y en contra, similar a lo que puede ocurrir si decidimos que los niños y adolescentes accedan a las pantallas o no.

Es sencillo determinar que algo es malo y, después, prohibir a los niños y jóvenes hacerlo porque es intrínsecamente negativo o peligroso: fumar, beber o drogarse, o conducir haciendo todo lo anterior, lo que se resume en: drogarse (fumar, beber, drogarse) y llevar una máquina de matar (lo que, como las armas, requiere mucha responsabilidad). Pero es muy complicado legislar sobre lo que no tiene por qué ser directamente malo, o incluso podría ser bueno, de modo que la ensalada de prejuicios ya estará servida.

En el caso de las pantallas (su contenido, no el mero cristal) y la gestión de la atención y el tiempo, se requeriría como mínimo estudios longitudinales (la misma persona en el tiempo tras una pantalla y también sin esa pantalla) para posteriormente mejorar nuestras mediciones de la atención y la función ejecutiva, o por lo menos estandarizar pruebas para que estas muestras vayan más allá de lo patológico; por último, habría que separar el uso de la adicción. A esta fórmula hay que añadirle el máximo de educación posible al respecto, tanto a los que las usan como a los que no las usan. En este caso, como en otros muchos, creo que quienes tenemos una edad mediana somos una generación «salto», ya que hemos pasado media vida sin tecnología de mano y media vida con ella, más o menos. Creo que estos estudios serán realizados por los científicos venideros, que para eso son el futuro.

También depende esta visión ejecutiva de alto nivel del uso continuo que le damos en la vida diaria. Por ejemplo, la dedicación laboral, o cualquier trabajo en educación o justicia, nos puede ayudar también en la vida cotidiana a pasar de un nivel concreto de pensamiento a otro generalista o abstracto más fácilmente, a escuchar una historia y extraer el mensaje o moral general detrás de los detalles específicos, o al revés, entender conceptos complejos y luego dar ejemplos concretos de lo que eso significa en situaciones cotidianas.

La función ejecutiva también se encarga de no hacer generalizaciones indebidas y establecer reglas generales a causas concretas, y a la inversa: hacer la excepción a la regla, conocer a una persona de un país específico que tiene ciertos hábitos y no asumir que todos los habitantes de ese país tienen los mismos hábitos, u observar un patrón en ciertas situaciones, pero no asumir que ese patrón se aplicará en todas las situaciones similares. Comprender que, aunque la mayoría de los pájaros vuelen, no todos lo hacen, como los pingüinos, o ser consciente de las reglas de tráfico, pero entender que, en ciertas situaciones, como en una emergencia, podría haber excepciones. Es probable que todo el que trabaja en el ámbito social tenga una mayor capacidad para adaptarse, y que sus patrones sean más amplios y su análisis más complejo que el de alguien que trabaja con materiales.

Pero independientemente de nuestras profesiones, la función ejecutiva se encarga sobre todo de que no tendamos a un pensamiento obtuso, que, sin usar el término de manera peyorativa, se refiere a la falta de punta y la tardanza en comprender: no ser obtuso es ser capaz de considerar múltiples perspectivas de una situación en lugar de aferrarse a una única interpretación, así como ser adaptable y flexible en la toma de decisiones, entendiendo que no todas las soluciones se ajustan a todas las situaciones. Para ello no vale escudarse en la personalidad o en la educación recibida, no vale esgrimir excusas contextuales. Ser obtuso depende en gran medida de no hacer un esfuerzo proactivo en ser flexible.

En definitiva, la función ejecutiva nos hace mejores personas en nuestro día a día, ya que pone en marcha la anticipación y la prospección. Nuestra función ejecutiva nos permite anticipar las consecuencias de nuestras acciones y tomar decisiones que consideren el futuro, en lugar de simplemente reaccionar ante el estímulo presente. Esto implica un pensamiento más profundo y proactivo. El autocontrol nos permite, a pesar de la presencia de tentaciones o estímulos inmediatos, ejercer autocontrol y diferir las gratificaciones, considerando el bienestar a largo plazo en lugar de la satisfacción inmediata. Hace que nos comportemos de manera social y moralmente adecuada, en línea con las convenciones y expectativas de la comunidad; también nos permite comprender las normas y valores y actuar de acuerdo a ellos, incluso en presencia de estímulos tentadores y cuando decidimos saltarnos las normas y ponernos en contra de forma proactiva. Cuando están intactas y funcionan bien, las funciones ejecutivas hacen que la vida diaria y el aprendizaje sean más manejables y efectivos y son nuestra capacidad de interactuar efectivamente con el mundo que nos rodea, y, sí, tiene que ver con la inteligencia. Te he oído pensar. Para aclarar este tema puedo resumir que, para una buena inteligencia, es imprescindible una buena función ejecutiva. Pero la mejor función ejecutiva no parece implicar una mayor inteligencia, por lo menos no una excepcional, aunque sí la base para ella. Además, la función ejecutiva está menos ponderada en mejor-peor, y más dirigida a la medición clínica, y los estudios de inteligencia sí que han tenido muestras normativas generales. El debate sigue abierto, ya que depende de las medidas que usemos de inteligencia y de las medidas que usemos de función ejecutiva. Es probable que para llegar al punto clave de si son lo mismo o no, tengamos que renovar herramientas de medición de ambas.

Seguiremos hablando de inteligencia más adelante, pero la palabra «inteligencia» tiene múltiples definiciones y significados. Esta deriva del latín *intelligentia*, que significa «escoger entre» o «hacer elecciones sabias» (*intus*, «entre», y *legere*, «escoger»). Puede referirse a la capacidad de pensar de manera abstracta, proporcionar respuestas correctas o basadas en hechos, aprender de la experiencia, adaptarse al entorno y adquirir nuevas habilidades a través de procesos mentales complejos. Existen tres enfoques principales para definir la inteligencia: aquellos que enfatizan la adaptación al entorno, los que se centran en la capacidad de aprender y adquirir conocimiento, y los que destacan la habilidad para pensar de modo abstracto y resolver problemas creativamente.

Las discusiones sobre la inteligencia giran en torno a la influencia de factores culturales, ambientales y educativos en su desarrollo, así como la pregunta de si existe una única forma general de inteligencia o varias habilidades intelectuales independientes. Hoy día, se reconoce que la inteligencia es un concepto multidimensional y complejo.

David Wechsler, autor de la escala de inteligencia más

ampliamente utilizada, define la inteligencia como la «suma o capacidad global de un individuo para actuar con propósito, pensar racionalmente y adaptarse de manera efectiva a su entorno». Estas definiciones se pueden agrupar en tres enfoques principales: los que ponen énfasis en la capacidad del individuo para ajustarse o adaptarse a su entorno (concepto funcional), los que resaltan la capacidad individual para aprender y adquirir conocimiento, y aquellos que destacan la habilidad para pensar de forma abstracta y resolver problemas de manera creativa.

Un estudio que involucró a diferentes grupos de edad reveló que la percepción de la inteligencia evoluciona con el tiempo. Entre los treinta y los cuarenta años, se asocia con la capacidad de enfrentar lo nuevo; entre los cincuenta y los setenta años, se relaciona con la competencia en actividades diarias y habilidades verbales. También se destacó que la inteligencia puede aumentar o disminuir a lo largo de la vida debido a experiencias, entrenamiento, estimulación cognitiva y condiciones médicas.

Las teorías implícitas de la inteligencia se centran en la aplicación del sentido común en situaciones de la vida cotidiana, destacando aspectos prácticos y sociales que no se evalúan en pruebas de inteligencia convencionales. La inteligencia práctica, también conocida como «inteligencia funcional», se refiere a la capacidad para resolver problemas cotidianos y gestionar relaciones interpersonales.

Raymond Cattell, otro de los grandes teóricos de la inteligencia y uno de los promotores de la teoría Cattell-Horn-Carroll (CHC), ha influido significativamente en la evaluación y medición de la inteligencia actual como modelo y marco para la clasificación de las funciones cognitivas. La teoría CHC sostiene que la inteligencia no es una sola entidad, sino un conjunto de habilidades y capacidades mentales diversas que interactúan entre sí. Propone que existen diferentes estratos o niveles de habilidad intelectual, que van desde habilidades más amplias y generales hasta otras más específicas y especializadas. Estos niveles se organizan en una jerarquía, y las habilidades en niveles superiores son influenciadas por las habilidades en niveles inferiores. Los autores proponen, entre otros niveles, dos tipos importantes de inteligencia: la inteligencia cristalizada y la inteligencia fluida. La primera se basa en el conocimiento adquirido a lo largo de la vida y puede medirse mediante pruebas que evalúan la comprensión verbal, la formación de conceptos y el razonamiento lógico. En cambio, la inteligencia fluida se relaciona con la habilidad para percibir, recordar y pensar sobre información básica no influenciada por la cultura, como el reconocimiento de patrones y habilidades espaciales. La inteligencia cristalizada tiende a mantenerse constante con el tiempo, reflejando el efecto acumulativo de la experiencia y la educación. Por otro lado, la inteligencia fluida tiende a alcanzar su punto máximo en la juventud y disminuye gradualmente con la edad, lo que implica una disminución en la capacidad para resolver problemas novedosos y adaptarse a situaciones cambiantes. Las habilidades fluidas son más fuertes en la juventud, lo que permite aprender nuevas habilidades rápidamente, mientras que las habilidades cristalizadas continúan desarrollándose hasta la edad adulta tardía. Esto parece definir la inteligencia fluida como la ausencia de rigidez.

En la historia humana los pensamientos rígidos se han permitido e incluso alentado para beneficio de comunidades específicas, para aumentar la conciencia de grupo y para excluir al otro y crear situaciones que, en algunos momentos, han dado lugar a explicaciones que no había, lo que generaba incertidumbre. El control de la incertidumbre y su adaptación y aceptación forma parte de la función ejecutiva. La resiliencia está amparada por una buena función ejecutiva. La abolición de la función ejecutiva en el otro, no permitirle planificar y crearle dependencia, supone no dejarle ser persona, excluirle de pertenecer al género humano, a la raza humana. Si obviamos la función ejecutiva, si la adormecemos, permitimos que el conocimiento acumulado sobre cualquier cosa no se expanda, no crezca; permitimos acumular e incluso aplicar con esfuerzo y currículos rígidos la aplicabilidad de las ciencias, pero no crear. Si no permitimos y fomentamos la función ejecutiva, no seremos libres ni podremos ser brillantes, solo efectivos y maquinizados. Desgraciadamente, la función ejecutiva es manipulable, maleable y dirigible. Si nuestras emociones e impulsos básicos están en juego, la función ejecutiva tendrá un serio problema para mantenerse porque debe gestionar un excesivo costo. Manipular y dirigir al resto de las personas es también una función ejecutiva, porque supone planificar las carencias del otro y saber ponerse en su lugar, pero se utiliza la comprensión de este para someterlo.

Para los más frikis, si mapeamos la función ejecutiva en los lóbulos frontales, podríamos decir que el circuito prefrontal dorsolateral se asocia con las funciones cognoscitivas avanzadas: capacidad para generar nuevas ideas e hipótesis; habilidad para resolver problemas complejos; flexibilidad cognitiva; fluidez verbal; uso de estrategias efectivas para nuevos aprendizajes; inicio y ejecución de programación motora adecuada; y capacidad para realizar movimientos alternos con destreza o recuerdo preciso y organizado de los eventos en el tiempo. La corteza orbitofrontal, justo encima de los ojos, se ocupa de la regulación emocional efectiva y el control de impulsos, de la conducta adaptada y conforme a las normas sociales, de la capacidad para formar y mantener una personalidad coherente y consistente, de las respuestas emocionales adecuadas y acordes a la situación, de la capacidad para imitar y aprender de otros de manera voluntaria y contextual y de la flexibilidad para adaptarse a distintas normas y situaciones sociales. El cíngulo anterior y la corteza frontal mesial se encargan de la activación adecuada y la conducta espontánea, de la motivación e iniciativa para abordar y completar tareas, de la habilidad para identificar y expresar emociones adecuadamente, de la expresión verbal fluida y coherente, y de las respuestas verbales ricas y elaboradas.

No hemos sabido que todo eso está en esas zonas del cerebro porque lo hayamos visto, como he comentado antes; sabemos que está por ahí porque cuando se dañan esas zonas las personas dejan de manejar bien esas funciones. El método lesional puede no ser lo más preciso del mundo, pero cuando tras un accidente o ictus vemos un síndrome disejecutivo, sabemos que cambia lo que denominamos coloquialmente la «personalidad». Vamos cada vez a más porque tenemos ya resonancias magnéticas funcionales y podemos ver las funciones cognitivas en acción. No tenemos que esperar al daño. El daño prefrontal no se manifiesta en deficiencias graves en el lenguaje, la memoria o la percepción, sino en cambios en el estilo de conducta del paciente: se torna apático, pueril, desinhibido, rígido... modificaciones estas que no siempre pueden ser reconocidas en una evaluación neuropsicológica. Las familias dicen: «No es la misma persona. No se controla, es cabezota, ausente, no tiene iniciativa, ya no nabla de nada, no comparte, no interpreta, es impulsivo, está desmotivado, no piensa, actúa, ya no es el mismo. Es otro». Se daña la esencia misma de la persona.

Sabemos que tener las funciones ejecutivas intactas nos permite utilizarlas para crecer. Sabemos que la función ejecutiva eres tú.

SEGUNDA PARTE

LA MEDIANA EDAD

En los últimos años, la ciencia nos ha proporcionado al ser humano condiciones de vida excepcionales y ha avanzado considerablemente en la comprensión de nuestro cerebro y su funcionamiento. Ahora tenemos un mejor entendimiento de procesos como el lenguaje, el reconocimiento del entorno, el pensamiento, la memoria, el sueño y las emociones, como la tristeza. Sabemos cómo se origina la actividad mental y el comportamiento humano. La tecnología nos ha permitido investigar y localizar la actividad cerebral asociada con experiencias específicas como el amor, el odio y el miedo. También podemos observar físicamente lo que sucede en el cerebro de personas con trastornos mentales, lo que ha llevado a un enfoque más científico y biológico en el estudio de estas condiciones.

La ciencia actual ya no atribuye las enfermedades mentales a causas sobrenaturales, sino que las investiga desde una perspectiva bioquímica y neuroanatómica. La ciencia se enfoca en aspectos externos, pero también enriquece nuestra comprensión interna al explorar cómo funcionan la memoria, el lenguaje y el pensamiento. Estamos al corriente de cómo el cerebro almacena información y la administra, y de qué forma nos permite evocarla. Pero la ciencia no solo se dirige hacia el exterior. También moldea el marco con el que miramos el mundo. Existe algo especial y diferente en el autoconocimiento. Comprender cómo funciona la memoria, el lenguaje y el pensamiento nos enriquece al acercarnos a nuestro yo interno. La función social de la ciencia no ha sido tan impactante como su progreso, pues la mayor parte de las veces su información no trasciende más allá de los laboratorios o queda restringida a comunidades científicas o culturales. La divulgación y la aplicación de estos conocimientos son desafíos importantes que deben abordarse para aprovechar al máximo el potencial de la ciencia en beneficio de la sociedad.

La diferencia entre la edad cronológica y la edad biológica es evidente, ya que la percepción de la edad en años no siempre coincide con la que realmente tiene nuestro organismo. En general, las personas se mantienen saludables hasta la veintena y mediados de la treintena, con una cima de salud física y agudeza entre los veintiocho y los treinta y seis años. A partir de ese punto, comenzamos a experimentar un envejecimiento gradual, con una disminución de las funciones biológicas en un rango del 3 al 6 por ciento por década, aunque esto varía entre las personas. La edad no es simplemente una medida cronológica, sino que está relacionada con una serie de cambios biológicos en nuestros sistemas cardiovascular, inmunológico y nervioso.

La edad en la que comienza la modificación cognitiva es crucial para determinar cuándo implementar intervenciones. Si entre los veinte y los treinta años se muestran ya diferencias, las intervenciones dirigidas a adultos de sesenta en adelante podrían ser menos efectivas debido a los cambios acumulados en el funcionamiento cognitivo. En algunos artículos relacionados con el inicio temprano del declive cognitivo, se sugiere que algunos declives concretos vinculados con la edad comienzan en adultos sanos y con cierto nivel educativo ya desde la veintena. Los desafíos de memoria que enfrentamos a medida que maduramos a menudo se relacionan con la eficiencia de la evocación. Evocar datos de la memoria a largo plazo puede llevar más tiempo y esfuerzo debido a la acumulación de información a lo largo de los años.

La atención dividida puede volverse más difícil según maduramos, lo que significa que nos cuesta más concentrarnos en dos tareas simultáneas. Además, el proceso de aprender nueva información puede requerir un esfuerzo adicional, ya que tendemos a desarrollar ciertos patrones de pensamiento y conocimientos que pueden interferir con la asimilación de esa información nueva. Esto resalta la necesidad de estrategias preventivas y educativas desde edades tempranas. Existen discrepancias en los estudios, pero probablemente las razones de estas sean metodológicas y se requieran más análisis transversales y longitudinales, lo que es necesario para describir con precisión la trayectoria del cambio cognitivo a cualquier edad. Tenemos también variabilidad en estimaciones y medidas, y problemas con el retest (la evaluación posterior) según las variables y métodos. Las tendencias de edad en las variables neurobiológicas relacionadas con el funcionamiento cognitivo muestran consistentemente declives en el rendimiento promedio a partir de la adultez temprana. Esto respalda la idea de que el declive cognitivo comienza relativamente temprano en la adultez.

Por tanto, parece haber consenso en que debería haber

un enfoque proactivo y multidimensional para comprender, prevenir y tratar el declive cognitivo. Otro aspecto fundamental es que tradicionalmente la investigación sobre este asunto se ha centrado en poblaciones de sesenta años en adelante, pero un estudio publicado en el *British Medical Journal* destaca un cambio importante en nuestra comprensión de este fenómeno. En test que incluyen memoria, razonamiento y fluencia, se observa declive en casi la totalidad de los test cognitivos (excepto en el de vocabulario) y en todos los grupos de edad es revelador. Es particularmente notable que, incluso el grupo más joven —aquellos entre cuarenta y cinco y cuarenta y nueve años— mostraría un declive del 3,6 por ciento a lo largo de una década.

En la década de los noventa se había establecido que hay una disminución en la cognición fluida de aproximadamente −0,04 desviaciones estándar por año a partir de los treinta años, y un incremento en la cognición cristalizada de +0,03 desviaciones estándar por año entre los veinte y los sesenta y cinco años. No obstante, estudios más recientes proponen que estas relaciones son más moderadas; investigaciones con más de tres mil adultos sugieren −0,02 para la capacidad fluida y +0,02 para la capacidad cristalizada. Estas pruebas sostienen que las relaciones entre la edad y la cognición son consistentes y robustas, con las tendencias relativas a la edad mostrando poca variación a lo largo de diferentes generaciones. Se han identificado dos series principales de hallazgos: uno demuestra una conexión positiva entre la habilidad cognitiva y los resultados en la vida, especialmente en el ámbito laboral, mientras que el otro revela una correlación negativa entre la edad y la habilidad cognitiva, sobre todo en cuanto a la resolución de problemas novedosos. La integración de estos hallazgos sugiere una correlación esperada entre la edad y la eficacia funcional. Dicho de otra manera, a medida que la edad avanza, y se observan descensos en el rendimiento en pruebas cognitivas, se podría anticipar una disminución en el rendimiento en diversos contextos de la vida real.

En lo que concierne a la relación entre la edad y los logros, se observa una consistencia con las expectativas de correlaciones negativas con el paso de los años. El interés en esta relación no es nuevo, y data de estudios realizados en los primeros años del siglo XIX. Se ha documentado que el patrón típico de la relación edad-logro sigue una función invertida U. Este modelo invertido U está ampliamente reconocido y respaldado por múltiples investigaciones en diversos campos y épocas, mostrando patrones semejantes en diferentes disciplinas y contextos históricos.

En nuestras investigaciones hemos hecho un test de función ejecutiva, medimos la habilidad de una persona para organizar la propia conducta y lograr un objetivo de acuerdo a unas reglas y limitaciones temporales, la habilidad para la multitarea y su capacidad para responder de manera adecuada al entorno, reorganizando objetivos y conducta cuando los elementos de dicho entorno cambian, lo que muestra una flexibilidad cognitiva para reanudar la ejecución en condiciones distintas. La toma de decisiones y la capacidad de autorregulación, autocontrol y autocorrección y, sobre todo, la efectividad final de la ejecución es lo que marca el éxito ejecutivo.

La prueba consta de dos partes muy similares, pero con variaciones. La tarea principal se compone de catorce rondas de ítems a los que hay que atender. Cada ronda tiene dos fases. En la fase 1 hay que ordenar los ítems según las reglas que se nos solicitan, con una planificación de seriación y clasificación. En la fase 2 hay que realizar los servicios: tarea de memoria de trabajo, aprendizaje de la tarea y velocidad de respuesta. Se trata de evaluar la capacidad para planificar las demandas y realizar una ejecución rápida, tener una buena memoria de trabajo, acceder a ayudas y contabilizar errores de modo que también podemos evaluar la fatiga. Medimos la flexibilidad cognitiva a través de los efectos de la interferencia sin que aumente el tiempo de ejecución ni las perseveraciones. En neuropsicología la perseveración consiste en insistir en los errores; por eso no me gusta oír que alguien es perseverante, pues lo recibo como negativo, me gustan más los términos «constante», «persistente» o «tenaz» para referirnos a una persona sana que es pertinaz en sus objetivos.

En la figura vemos cómo con nuestras muestras decae la eficacia de la función ejecutiva con la edad.

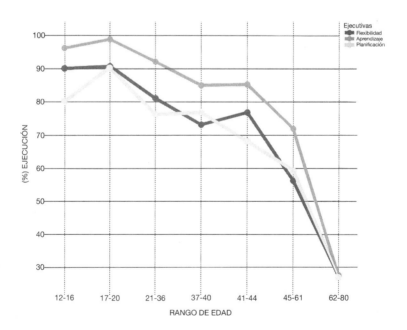

La buena noticia es que, aunque las comparaciones transversales (entre personas) revelan sistemáticamente declives cognitivos relacionados con la edad que comienzan en la edad adulta temprana, los descensos significativos en las comparaciones longitudinales (dentro de la misma persona) a menudo no son evidentes hasta los sesenta años o más. Estos últimos resultados han llevado a sugerir que el cambio cognitivo no comienza hasta la mediana edad. Sin embargo, debido a que el cambio medio refleja una mezcla de influencias madurativas y experienciales cuyas contribuciones podrían variar con los años, es importante examinar otras propiedades del cambio antes de llegar a conclusiones sobre la relación de la edad con el cambio cognitivo.

Un aspecto que resaltar es que la literatura apunta a que las personas con un nivel educativo más alto tienen un menor riesgo de padecer enfermedades como la demencia en la vejez, como si de un inicio con ventaja se tratase. Así, se reporta que las personas con más años de estudio suelen comenzar los setenta con un nivel más alto de función cognitiva. Medir el logro educativo simplemente por los años de escolaridad podría no ser suficiente, ya que asume que la calidad educativa es equivalente para todas las personas y no tiene en cuenta otras opciones educativas a lo largo del tiempo, como las que exige la vida laboral en personas con solo estudios primarios o el propio enriquecimiento y aprendizaje personal que puede haber adquirido una persona de cincuenta años.

En cualquier caso, las implicaciones de estos hallazgos son amplias y tienen consecuencias significativas para la salud pública: debería haber un reconocimiento temprano, ya que identificar el declive cognitivo en etapas más tempranas puede permitir intervenciones preventivas. Reconocerlo precozmente y entender sus factores contribuyentes puede ayudar a ralentizar su progresión. Debería existir una evaluación continua, de modo que el propio sistema sanitario podría poner fechas específicas para revisiones cognitivas, al igual que hace con las previsiones de cáncer de mama y próstata o calendariza los análisis de sangre y controles de hipertensión o colesterol. La relación entre la madurez y el declive cognitivo puede ser más clara si se evalúa la cognición en tres o más momentos en el tiempo. Estas evaluaciones continuas pueden ayudar a separar el nivel inicial de modificación de la cognición del ritmo de declive, permitiendo una comprensión más precisa de esta relación. Recordamos también que «lo que es bueno para nuestros corazones es bueno también para nuestras cabezas», lo que destaca la necesidad de promover estilos de vida saludables desde edades tempranas, no solo para la salud cardiaca, sino también para la cognitiva. Por último, si bien el declive cognitivo y la demencia son dos entidades distintas, un declive cognitivo acelerado puede ser un factor de riesgo para el desarrollo posterior de demencia. Parece positivo que, al abordar los factores de riesgo cardiovascular, es posible que también estemos previniendo formas más severas de declive cognitivo y, potencialmente, demencia, pero entendemos que no es suficiente; comprender los intrincados procesos del cerebro puede cambiar el panorama de la salud mental y física en las generaciones futuras, porque un cerebro deteriorado tampoco es eficiente para mantener la salud de su cuerpo contenedor.

En psicología evolutiva, el enfoque del ciclo vital busca entender el desarrollo humano en todas las fases de la vida, y no solo durante la infancia o la adolescencia. Considera que el desarrollo es un proceso continuo, que se extiende desde la concepción hasta la muerte y que cada etapa de la vida tiene sus propias características, desafíos y oportunidades de crecimiento. También aborda la perspectiva de que el desarrollo pueda avanzar en varias direcciones. No todos los aspectos del individuo maduran o declinan al mismo tiempo ni a la misma velocidad. Es multidimensional, hay diferentes fuerzas o factores (biológicos, psicológicos y sociales) que influyen en el desarrollo a lo largo de la vida. El enfoque del ciclo vital reconoce la plasticidad como la capacidad del ser humano para cambiar en respuesta a experiencias y prácticas e indica que, en muchos aspectos, las personas pueden aprender y adaptarse en cualquier etapa de la vida.

Esta perspectiva también tiene en cuenta la influencia histórica y cultural, ya que las personas nacidas en diferentes épocas o culturas enfrentan circunstancias distintas que pueden influir en su desarrollo. La influencia cultural es una dimensión esencial en el estudio del desarrollo humano a lo largo del ciclo vital y los grandes estudios casi siempre se hacen en poblaciones occidentales similares. Pero las culturas desempeñan un papel fundamental en determinar cómo se define, comprende y experimenta el proceso de envejecimiento, ya que cada cultura tiene sus propias normas y expectativas sobre lo que significa madurar. Por ejemplo, en algunas sociedades madurar es sinónimo de sabiduría y se respeta mucho a las personas mayores, mientras que, en otras, puede existir una tendencia a valorar más la juventud y ver el envejecimiento como algo negativo. En las primeras la madurez se asocia a liderazgo, mientras que en las segundas podemos sentirnos marginados. Estas prácticas culturales influyen en cómo las personas enfrentan y comprenden la madurez. Las creencias culturales y el desarrollo de un país pueden influir en las actitudes hacia la atención médica, las prácticas de salud y la aceptación de ciertas condiciones asociadas con la madurez, y los cambios rápidos en tecnología y adaptación pueden propiciar brechas generacionales. Lo que se considera una vida bien vivida o un envejecimiento exitoso puede variar considerablemente de una cultura a otra, y puede haber diferentes maneras de entender y manejar la pérdida, el duelo y la muerte, aspectos intrínsecamente vinculados al proceso de madurez. La experiencia de madurar no es universal; está profundamente arraigada en el contexto cultural, social e histórico en el que una persona vive.

Considerar un proceso de madurez como un proceso de desarrollo continuo y adaptativo, en lugar de simplemente un periodo de declive, puede ser exclusivo de muchas culturas y países, y depender fuertemente de su economía y de políticas sociales y de salud pública. La madurez implica cambios, y si bien algunos de estos pueden suponer pérdidas (como en la atención o algunas habilidades ejecutivas), también pueden surgir ganancias en otras áreas que veremos en esta parte del libro.

En conclusión, ¿es la madurez un proceso de desarrollo o involución? En consonancia con esta pregunta, el concepto de «equifinalidad» destaca que no hay un solo camino correcto o normal hacia el desarrollo. Dos personas pueden comenzar con capacidades, entornos o circunstancias completamente diferentes y, aun así, llegar a resultados similares en términos de adaptación, habilidades o bienestar. A lo largo de la vida, nos encontramos con numerosos factores que influyen en nuestro desarrollo, incluidos eventos de vida, educación, relaciones, experiencias laborales, traumas y alegrías. Estos factores pueden interactuar de innumerables maneras, lo que lleva a diferentes trayectorias de vida que, sin embargo, pueden converger en puntos similares. La equifinalidad también destaca nuestra capacidad para adaptarnos y crecer a pesar de los desafíos, lo que estamos conociendo más a fondo los últimos años como resiliencia, y las personas pueden superar adversidades e, incluso así, alcanzar niveles similares de salud mental, bienestar o éxito que aquellos que no enfrentaron tales desafíos.

El concepto de «equifinalidad» refuerza la idea de que el desarrollo humano es un proceso complejo, dinámico y único, y estamos en la edad en que podemos orientarnos hacia un modelo similar al de la optimización selectiva con compensación, que quiere comprender cómo las personas se adaptan y evolucionan a medida que maduran y envejecen.

Desde este enfoque hay tres cambios claros en la adaptación:

- La selección: es un proceso continuo que lleva a los individuos a elegir y enfocarse en áreas específicas de su vida que son relevantes o significativas para ellos. A medida que maduramos, nuestras prioridades y capacidades cambian, y no siempre podemos involucrarnos en todas las actividades o roles que desempeñamos en la juventud. Aquí, la selección sirve como una estrategia para canalizar la energía hacia lo que es más valioso o esencial. Esto puede suponer optar por dedicarnos a lo que nos gusta, aunque no vaya a reportarnos un gran resultado económico, o dejar lo que nos gusta como hobby y trabajar en algo más práctico y lucrativo, si es que no podemos conseguir que nuestro trabajo sea nuestra pasión. Oí a alguien muy maduro decir: «Tiene suerte, se gana la vida con su arte». Y es cierto. Es una gran suerte.

- La optimización: una vez seleccionadas ciertas áreas o roles, nos decantaríamos por buscar maneras de maximizar las habilidades y recursos en esos dominios. La optimización es el proceso de mejorar y mantener las habilidades y capacidades en las áreas seleccionadas. Esto podría implicar aprender nuevas habilidades, practicar continuamente o averiguar qué recursos apoyan la mejora en esas áreas.

- La compensación: a medida que las personas maduran, inevitablemente enfrentan pérdidas, ya sea en términos de habilidades físicas, capacidades cognitivas o recursos. La compensación es la estrategia utilizada para contrarrestar esas pérdidas. Por ejemplo, una persona que ya no puede correr debido a problemas de rodilla podría optar por nadar como una forma de ejercicio alternativo. Dentro de la compensación se valora la capacidad de disponer y utilizar nuevos medios, tal como hablábamos cuando describimos nuestra habilidad ejecutiva. Esta estrategia se refiere a la introducción de nuevos métodos o herramientas para alcanzar una meta anteriormente alcanzable sin esos medios. Se trata, sobre todo, de encontrar una solución diferente para alcanzar un objetivo deseado. En el ejemplo anterior, una persona que ha perdido la movilidad puede usar ayudas técnicas, como una silla de ruedas o un bastón, o ayudas «humanas», como cuidadores o terapeutas, para mantener su movilidad y autonomía. Otra habilidad de compensación sería cambiar las metas del desarrollo, que podría ser similar a la elección, para ser menos exigentes con nuestras metas. Esta estrategia reconoce que, en algunas circunstancias, los objetivos originales pueden ser inalcanzables. En lugar de perseguir un fin imposible, podemos adaptar las metas para reflejar las capacidades y recursos actuales. Esta es una forma de adaptarse a las nuevas realidades y seguir teniendo objetivos significativos y realizables. Puede que llegue un momento en que la claridad de que no vamos a conseguir un objetivo o sueño de juventud nos haga sentirnos mejor con nosotros mismos.

En lugar de ver la madurez como un proceso de declive inevitable, este modelo la presenta como una serie de adaptaciones y ajustes que las personas hacen para seguir viviendo de manera proactiva y satisfactoria. En términos más amplios, este modelo destaca la objetividad, el soporte y la capacidad de adaptación. En términos de función ejecutiva, implica darnos cuenta, buscar ayuda y ser flexible. Se enfoca en cómo los individuos pueden hacer ajustes proactivos a sus vidas para asumir los desafíos que vienen, subrayando la idea de que la madurez es un proceso activo y dinámico.

La interacción de estos componentes de selección, optimización y compensación resulta en un proceso en el cual las personas continúan esforzándose por el desarrollo óptimo. Este modelo reconoce la resiliencia, es decir, la capacidad para adaptarse a las situaciones adversas con resultados positivos, y adaptabilidad del ser humano. A medida que asumimos desafíos o pérdidas, no nos rendimos ni nos quedamos inmóviles. En cambio, evaluamos, adaptamos y encontramos nuevas maneras de avanzar, ya sea encontrando herramientas alternativas para lograr nuestros objetivos o adaptando dichos objetivos para reflejar nuestra realidad actual.

Otro modelo que se utiliza en la clínica es el de rehabilitación, sustitución, compensación y aprendizaje sin error, que busca explicar y guiar las prácticas para las per-

sonas que enfrentan desafíos, especialmente en el contexto del envejecimiento o discapacidad. Aunque la rehabilitación cognitiva tiene enfoques y aplicaciones diferentes
y suele estar muy individualizada, hay algunos elementos
que podemos añadir a la adaptación funcional en nuestra
madurez.

El modelo evolutivo se enfoca en cómo las personas
adaptan y optimizan su comportamiento y metas a lo
largo de toda su vida, especialmente frente a desafíos o
pérdidas, y se utiliza más en un contexto de psicología
del desarrollo, con un objetivo hacia la psicología de las
organizaciones y políticas públicas. En la intervención
y rehabilitación cognitiva, especialmente para personas con discapacidades o deterioro cognitivo, se pone
énfasis en la rehabilitación —que se refiere a la restaura-
ción de habilidades o funciones perdidas—, en la sustitución —utilizando herramientas o estrategias alternativas para realizar una tarea si la función original se ha
perdido o deteriorado— y en la compensación —que
implica adaptarse a la pérdida empleando diferentes estrategias o herramientas para minimizar el impacto de
esa pérdida—. El aprendizaje sin error se añade como
técnica, y es un enfoque de intervención en el que se estructura el ambiente de aprendizaje para evitar errores,

lo que es especialmente útil, ya que los errores y los niveles no adaptados pueden ser contraproducentes en el proceso de aprendizaje. Estas técnicas se utilizan también en personas sanas y en programas de estimulación cognitiva orientados a personas mayores, para buscar los niveles óptimos de ejecución con el fin de que la persona aumente su nivel sin frustraciones. En los videojuegos también se usan este tipo de técnicas aproximativas a los niveles del usuario.

Si estamos considerando la mejora de perspectivas frente a un declive de la función cognitiva en la mediana edad, la elección de un modelo adaptativo dependerá de los objetivos específicos y de la naturaleza de los desafíos cognitivos enfrentados. El aprendizaje sin error podría ser muy útil si alguien está aprendiendo nuevas habilidades o estrategias para adaptarse a su estado cognitivo. El aprendizaje sin error y los modelos motivacionales de nuevos desafíos tienen enfoques diferentes, pero ambos buscan promover un aprendizaje y adaptación más efectivos. Por lo que a mí respecta, en cualquier caso, adoptaría un modelo altamente motivacional y de ayuda a las personas para adquirir nuevas habilidades o información sin la frustración de cometer errores. Además, así se evita la consolidación de información incorrecta.

Los modelos motivacionales de nuevos desafíos se centran en el impulso interno de un individuo para asumir y superar desafíos. Buscan cultivar la motivación intrínseca, promoviendo la idea de que enfrentarse a un reto puede ser en sí mismo gratificante. Se trata de alentar, ver cada pequeño avance como un triunfo y establecer metas graduales para mantener la motivación. Estos modelos son frecuentemente abordados y promovidos en libros de autoayuda, que no tienen por qué ser malos. Mi principal preocupación radica en aquellos que proyectan una perspectiva no científica y esotérica de los conceptos que promulgan. Los libros que se centran en el pensamiento positivo, postulando que el universo concederá todos los deseos y anhelos y, en general, aquellos que proponen ideas y métodos sin respaldo científico o evidencia empírica son los que nos despiertan mayor inquietud y precaución, ya que pueden generar expectativas irreales y conceptos erróneos sobre el autodescubrimiento y el desarrollo personal.

Promover la motivación ayuda a las personas a mantenerse comprometidas y enfocadas en su aprendizaje. La motivación intrínseca, a menudo, lleva a un mayor compromiso y mejores resultados en comparación con las motivaciones extrínsecas.

Quiero también describir tres conceptos necesarios para la última parte del libro: la reserva cognitiva, el potencial de aprendizaje y la plasticidad, que son importantes para entender cómo el cerebro se adapta y responde al proceso de madurez.

La reserva cognitiva es la capacidad resistente del cerebro para protegerse contra los síntomas de enfermedades neurodegenerativas. Se cree que esta reserva se construye a lo largo de la vida mediante la educación, las ocupaciones complejas y la participación activa en actividades mentales y sociales. Las personas con una alta reserva cognitiva pueden no mostrar síntomas de enfermedades neurodegenerativas hasta etapas más avanzadas de la enfermedad porque sus cerebros son capaces de adaptarse y compensar el daño más efectivamente. Se trata de hacer más caminos o que sean más sólidos, que evitarán en gran medida la disfuncionalidad, no el daño.

La plasticidad cerebral es la capacidad del cerebro para reorganizarse y adaptarse formando nuevas conexiones neuronales a lo largo de la vida. La plasticidad es la base de la adaptación cerebral frente a lesiones o desafíos cognitivos, y permite el aprendizaje y la memoria.

El potencial de aprendizaje, aunque suele disminuir con la edad, refleja la capacidad del cerebro para adquirir nuevas habilidades o conocimientos a lo largo de toda la vida. Es una manifestación de la plasticidad cerebral. Destaca la importancia de la educación continua y el aprendizaje a lo largo de la vida. Estimular el cerebro con nuevos desafíos y aprendizajes puede ayudar a mantener la salud cognitiva y reducir el riesgo de enfermedades neurodegenerativas. Aunque las medidas de potencial de aprendizaje se abandonaron para centrarse más en las medidas de cociente intelectual, fue y sigue siendo en algunos entornos un tema de estudio, y se ha incorporado últimamente a la evaluación de personas mayores, relacionándolo con la reserva cognitiva y con la predicción del deterioro posterior. Por supuesto, a mayor potencial de aprendizaje, mejor madurez cerebral y mayor reserva cognitiva.

El potencial de aprendizaje es como una mezcla de distintos factores que nos afectan a la hora de aprender cosas nuevas. Imagínatelo como si estuviéramos hablando de la ganancia, que es lo que obtenemos cuando aprendemos; la eficiencia, que es cómo de bien lo hacemos; el esfuerzo, que es cuánto tenemos que trabajar para aprender, y la fatiga, que es cómo el cansancio nos reduce esa eficiencia. Si alguien es muy competente, es decir, aprende con poco esfuerzo y con eficiencia y consigue los resultados esperados, y no tiene cosas que le estimulen, se puede aburrir y desmotivar, que es lo que les puede suceder a los niños y niñas con altas capacidades. Por otro lado, si una persona no gana mucho aprendiendo, no se esfuerza y no es eficaz, puede estar desmotivada o incluso pensar que no puede aprender (lo que se llama «incompetencia aprendida»). Este modo de ver el aprendizaje es muy útil. Nos ayuda a ver quiénes pueden realmente, aunque parezcan tener problemas para aprender al principio, mejorar mucho. Sirve para entender cómo aprenden personas de diferentes lugares o con distintas dificultades, y es mejor para predecir qué habilidades pueden desarrollarse con entrenamiento si lo comparamos con otros métodos de evaluación. Además, tiene en cuenta cosas que no son intelectuales pero que afectan a cómo aprendemos, como la motivación y cómo nos vemos a nosotros mismos en la ejecución del aprendizaje.

Aprender no solo tiene que ver con lo inteligentes que somos, sino también con cuánto nos esforzamos, cómo nos sentimos y cómo nos afecta nuestro entorno, y lo más importante: nos muestra que todos, sin importar cómo empezamos, tenemos la capacidad de aprender y mejorar.

Las actividades que fomentan la construcción de la reserva cognitiva, la compensación y el potencial de aprendizaje, como la educación continua, la resolución de problemas, la socialización y el aprendizaje de nuevas habilidades, pueden ser clave para optimizar la salud cognitiva.

Estas definiciones proporcionan un marco para comprender de qué modo el cerebro se adapta y evoluciona a lo largo de toda la vida, y se encuentran en la mayoría de los estudios de envejecimiento y salud cognitiva.

Existen otros términos adicionales, como:

- Neurogénesis: es la producción de nuevas neuronas en el cerebro. Aunque se pensaba que la neurogénesis solo ocurría durante el desarrollo, se ha demostrado que puede continuar en ciertas áreas del cerebro adulto, lo que sugiere una capacidad adicional de adaptación y recuperación.
- Enriquecimiento ambiental: es la exposición a un ambiente con múltiples estímulos y oportunidades de aprendizaje y actividad. Los ambientes enriquecidos pueden potenciar la neurogénesis y mejorar la plasticidad y función cerebral.
- Cognición cristalizada vs. cognición fluida: explicada anteriormente al hablar de inteligencia.
- Redundancia funcional: implica el uso de múltiples

sistemas o áreas del cerebro para llevar a cabo una función específica. La capacidad del cerebro para involucrar múltiples áreas en una tarea específica puede ser una forma de compensación y adaptación.

Por último, nos centraremos en el aspecto positivo de crecer con éxito y no tener una sensación de que transitamos un camino cuesta abajo. El concepto de «envejecimiento con éxito» es una aproximación positiva al proceso de madurez, y ofrece una visión general que va más allá de la simple ausencia de enfermedad. Se centra en el potencial de las personas para mantener y mejorar su salud y bienestar. La madurez con éxito se concibe desde una perspectiva multidimensional, que incluye aspectos físicos, cognitivos, emocionales y sociales. No se trata solo de vivir más años, sino de vivir esos años con calidad. En esta perspectiva teórica pueden entrar aspectos éticos como la eutanasia y los testamentos vitales.

En general, madurar con éxito va más allá de simplemente evitar enfermedades; implica buscar de forma activa oportunidades para mantenerse física, cognitiva y socialmente activo. Las personas que maduran con éxito muestran una notable capacidad de adaptación. Aunque pueden enfrentarse a desafíos o pérdidas, tienen la habilidad de ajustarse y encontrar nuevas maneras de disfrutar y encontrar significado en la vida. También se trata de mantener relaciones interpersonales saludables, involucrarse en la comunidad y sentir un propósito en la vida, y supone no solo mantenerse activo físicamente, sino también mostrar un compromiso dinámico con la vida a través de hobbies, aprendizaje, voluntariado y otras actividades que aportan significado y propósito, como participar en las fiestas municipales, encontrar un hueco para estar con los amigos y fomentar las relaciones intergeneracionales. Apuntarse a un curso online para seguir formándonos, leer, vigilar e informarse.

Diferentes personas, dependiendo de sus circunstancias, valores y deseos, pueden definir y experimentar el éxito de diversas maneras. La resiliencia, o la capacidad de recuperarse de adversidades y adaptarse al cambio, es una característica clave de aquellos que envejecen con éxito. Los avances en la neuroimagen, en particular, en las técnicas de resonancia magnética funcional y en la conectividad funcional, han permitido investigaciones detalladas de la organización y conectividad del cerebro a lo largo del envejecimiento. Con la edad, las redes cerebrales se reorganizan. Esta reorganización podría ser una respuesta adaptativa a los cambios estructurales y funcionales o podría ser el resultado de esos cambios, e incluso en el envejecimiento sin enfermedades neurodegenerativas, el cerebro muestra modificaciones. Esto es importante porque significa que la madurez en sí misma, independientemente de las enfermedades específicas, tiene un efecto en la estructura y función del cerebro.

En general, las redes de procesamiento primario y visuoespaciales, que están asociadas con funciones básicas y habilidades espaciales, muestran una integridad de red disminuida con la edad. Las redes neurocognitivas centrales y de ganglios basales parecen ser más resistentes al envejecimiento, con conexiones interred conservadas. Las redes neurocognitivas centrales están involucradas en funciones cognitivas de alto nivel, y los ganglios basales desempeñan un papel crucial en el movimiento y el aprendizaje. La reorganización y la conservación diferencial de estas redes pueden ofrecer pistas sobre cómo el cerebro se adapta y cambia con la edad. También sugieren áreas del cerebro que podrían ser objetivos potenciales para intervenciones dirigidas a mantener o mejorar la función cognitiva.

Es curioso que la subjetividad de mejora, el sentirse joven, puede ser más que una sensación; puede ser realmente el reflejo del sentir del cerebro porque se reconoce activo y con salud.

3

Diferencias claves y resultados que son o pueden ser una desventaja

La función ejecutiva y la flexibilidad

> Al ser los comportamientos más complejos, las funciones ejecutivas son intrínsecas a la capacidad de responder de forma adaptativa a situaciones novedosas y son también la base de muchas habilidades cognitivas, emocionales y sociales. Las funciones ejecutivas pueden conceptualizarse en cuatro componentes: (1) volición; (2) planificación y toma de decisiones; (3) acción intencionada, y (4) rendimiento eficaz.
>
> MURIEL LEZAK

A medida que avanzamos en la mediana edad, es natural experimentar cambios en nuestras capacidades cognitivas.

Estos cambios son una parte normal del desarrollo y no necesariamente indican problemas de salud. Sin embargo, podemos distinguir entre cambios cognitivos comunes de la mediana edad y aquellos que podrían ser indicativos de condiciones más serias. Si bien este libro se centra en los ajustes cognitivos normales de la mediana edad, vuelvo a repetir que si alguien siente que sus cambios están afectando significativamente a su vida diaria o laboral, es básico buscar el consejo de un especialista en salud cerebral.

Las funciones ejecutivas, de forma consensuada, suelen agruparse en una serie de componentes:

- Las capacidades necesarias para formular metas, las facultades implicadas en la planificación de los procesos y las estrategias para lograr los objetivos.
- Las habilidades implicadas en la ejecución de los planes y el reconocimiento del logro/no logro y de la necesidad de alterar la actividad, detenerla y generar nuevos planes de acción.

Para escribir este libro he necesitado darle la vuelta a la neuropsicología clínica y buscar estudios comparativos de salud cerebral en la mediana edad. Los más interesantes quizá no se referían o no tenían como objetivo este periodo vital, pero se podía extraer la información que queremos. Por ejemplo, me han encantado los estudios de la Dra. Beatriz Luna sobre cómo se desarrolla la función ejecutiva en los adolescentes y entrever las ventajas de la mediana edad. Probablemente la clave de todo esté en esta idea: tener mayor capacidad cerebral o ser mejor en algo no significa necesariamente que se pueda controlar. La potencia sin control no sirve de nada, rezaba un comercial televisivo hace tiempo y mostraba a un atleta con un cuerpo musculado a punto de salir a correr con unos tacones.

Como hemos visto, la función ejecutiva, a menudo descrita como el «director ejecutivo» del cerebro, coordina una serie de habilidades cognitivas esenciales. Durante la mediana edad, es posible que algunas personas noten que la planificación a largo plazo y la organización de tareas complejas requieren un poco más de esfuerzo que antes. Estas pequeñas diferencias no significan un declive significativo, sino una adaptación a cómo nuestro cerebro gestiona la información. Puede ser que las decisiones que se toman en la mediana edad con frecuencia involucran más variables y consecuencias que las tomadas en la juventud, o que al acumular variables de alerta podamos entrever más peligros en un proyecto laboral de los que veíamos cuando teníamos menos experiencia. Podemos acumular en nuestros cerebros las veces que salió bien y las veces que no salió bien. Por eso, algunos pueden sentir que toman decisiones con un poco más de lentitud, pero también apreciar una mayor profundidad y consideración en el proceso. En el ámbito personal, las grandes decisiones en la mediana edad implican muchos más factores (familiares, laborales, de seguridad, etc.) que en una persona más joven, y su ponderación puede que sea más compleja y emocional.

Los adultos en la mediana edad tienden a mostrar una consistencia mayor en los test y mantienen tasas de error consistentes, incluso al repetir las pruebas en intervalos de dieciocho meses o más, lo que nos arroja varios puntos clave. En primer lugar, confirma que los circuitos cerebrales necesarios para la función ejecutiva ya están establecidos en la adolescencia. No obstante, lo que se transforma durante el desarrollo es la habilidad de acceder a estos sistemas de manera continuada y confiable. A medida que las personas entran en la mediana edad, su cerebro acumula una cantidad significativa de experiencia y aprendizaje, lo que permite el acceso a la función ejecutiva de manera más robusta y consistente. Esto se traduce en una habilidad mejorada para planificar, tomar decisiones y priorizar tareas, aunque quizá con una menor flexibilidad en comparación con la juventud.

Es esa dicotomía entre consistencia y flexibilidad lo que se vuelve prominente en la mediana edad. Hemos tenido años de práctica en el uso de la función ejecutiva y, como resultado, podemos acceder a estos sistemas con más destreza. Nuestra experiencia previa y conocimiento acumulado nos suelen permitir identificar patrones y soluciones más rápidamente que aquellos que son más jóvenes. Es una combinación de habilidad, experiencia y madurez cerebral que nos hace posible manejar situaciones complejas con una habilidad que solo puede venir con el tiempo. Las personas en la mediana edad también tienen un sentido más establecido de identidad. Una vez que se establecen estas rutas, el cerebro tiene a su disposición vías neuronales optimizadas y bien aisladas, lo que nos permite ejecutar tareas conocidas con mayor rapidez y eficiencia. El peligro puede venir por que las personas tiendan a basarse más en estas vías consolidadas, lo que les hace reconocer patrones y situaciones con los que han interactuado anteriormente, tomando decisiones basadas en experiencias pasadas. Esta es la razón por la cual las personas en la mediana edad a menudo pueden parecer tener una perspicacia o un sexto sentido sobre ciertas situaciones: no es magia, sino más bien el resultado de un cerebro que ha afinado sus conexiones a lo largo de años de práctica.

Pero también esos caminos pueden no ser iguales que los anteriores, y como la mayoría de las veces no podemos confirmar claramente que nos hemos equivocado —podemos autoengañarnos pensando que nuestra manera de hacer o ver las cosas es la correcta—, el precio de esta optimización es una cierta rigidez.

A medida que las conexiones se mielinizan y fortalecen, se vuelven menos maleables. Por tanto, aunque las personas de mediana edad pueden tener un acceso más eficiente y rápido a su función ejecutiva, también pueden enfrentarse a retos cuando se les presenta información o situaciones que no se ajustan a los patrones que han aprendido a lo largo de su vida.

Para solucionar un problema crucial en una empresa, por ejemplo, lo ideal es que los profesionales que lo examinen sean un equipo híbrido, de jóvenes y maduros, que afronten el problema de manera conjunta. Esto permitiría abordar una situación desde múltiples ángulos, utilizando el procesamiento de ambos para encontrar soluciones más eficientes. Preguntar sobre una decisión importante a nuestro hijo adolescente, a nuestros padres o a un amigo puede darnos diferentes puntos de vista para evitar el sesgo, y no supone una carencia ni una falta de seguridad en uno mismo, todo lo contrario: es una muestra de fortaleza personal.

El hecho de que la mediana edad con frecuencia muestre un declive en las funciones ejecutivas tradicionalmente evaluadas no refleja de forma necesaria un cerebro que opera de peor manera, sino de forma diferente. Aquí se presenta un desafío en la evaluación neuropsicológica y cómo interpretamos los resultados. La evaluación tradicional de la función ejecutiva a menudo implica tareas que miden velocidad, novedad y adaptabilidad. Estas pruebas están diseñadas para ser objetivas y medir un aspecto específico del procesamiento cerebral. Sin embargo, no capturan completamente habilidades y estrategias que las personas de mediana edad han desarrollado a lo largo de sus vidas ni llegan a todas las medidas a las que puede llegar la población normal.

Por tanto, al evaluar la función ejecutiva mediante pruebas tradicionales, estas habilidades de mediana edad pueden no ser evidentes o interpretarse como deficiencias. Además, el que alguien de mediana edad pueda preferir una recompensa a largo plazo en lugar de una gratificación inmediata (una habilidad desarrollada a través de la experiencia y la madurez) raramente se tiene en cuenta en estos test.

Muchos test adolecen de validez ecológica, que se define como la relación funcional y predictiva entre el rendimiento del paciente en un conjunto de pruebas neuropsicológicas y su comportamiento en diversos entornos reales (como en casa, el trabajo, la escuela o la comunidad). Uno de los factores que puede afectar a la validez ecológica en las pruebas neuropsicológicas es la falta de acuerdo sobre los constructos cognitivos específicos que mide una prueba. Esta falta de consenso está vinculada al hecho de que la mayoría de estas pruebas tienen múltiples facetas, lo que dificulta relacionar una puntuación específica de un test cognitivo con una habilidad cognitiva apropiada.

Es posible que, en el futuro, necesitemos desarrollar nuevas pruebas y métricas para evaluar adecuadamente las capacidades del cerebro en diferentes etapas de la vida. Estas nuevas pruebas deberían ser capaces de capturar la rica gama de habilidades y estrategias que las personas adquieren a medida que envejecen, en lugar de centrarse únicamente en la velocidad y adaptabilidad.

Por otra parte, como hemos visto, la atención y las

funciones ejecutivas son áreas críticas de la cognición que desempeñan roles esenciales en nuestra capacidad para procesar información, tomar decisiones y llevar a cabo tareas de manera eficiente. Hemos visto también la importancia del control cognitivo y la red de alerta, que se refiere a la capacidad de mantener un estado de preparación cognitiva o vigilancia. La red de orientación está relacionada con la habilidad de dirigir la atención hacia un estímulo específico o localización en el espacio, y la red ejecutiva hace referencia a los mecanismos que supervisan e intervienen cuando se necesita control cognitivo, como en situaciones de conflicto o cuando es necesario inhibir respuestas automáticas. Un estudio de la Universidad de Lisboa recoge varias observaciones interesantes sobre cómo estas redes cambian con la edad, y concluye que existe una disminución de la eficiencia en la red de alerta. Esto puede traducirse en que las personas maduras pueden tener dificultades para mantenerse alertas o en un estado de preparación durante periodos prolongados, pero, a su vez, existe un aumento de la eficiencia en las redes de orientación y ejecutivas. Se trata de un hallazgo importante porque sugiere que la capacidad de dirigir la atención y ejercer control cognitivo podría mejorar con la edad, al menos hasta cierto punto.

La variabilidad en cómo las redes de atención y funciones ejecutivas cambian con la edad indica que algunas habilidades pueden deteriorarse mientras que otras pueden mejorar o mantenerse estables. También subraya la importancia de tener un enfoque más matizado cuando se examina el impacto del envejecimiento en la cognición, en lugar de asumir un declive uniforme en todas las áreas.

Fallos de atención y costo de cambio de tarea

Ya hemos visto anteriormente lo que es la atención y el *switching* o costo de tarea. En la mediana edad, en este ámbito —no nos engañemos— poco tenemos que hacer más que ser conscientes y cuidarnos mucho. La atención es claramente un proceso que se deteriora con la edad y el cambio de tarea cada vez es más costoso. Yo, normalmente, lo suplo esforzándome en darme cuenta: «Te estás dispersando... no has prestado atención suficiente», o valorar que ante una pregunta clara debería contestar: «No te he escuchado, perdona»; o evitar directamente seguir trabajando tras un exceso de atención. Cuando trabajo mucho en algo debo hacer cambios de tarea o descansos cortos cada poco tiempo, unos cuarenta o sesenta minutos, dependiendo de lo cansada que esté. En estos descansos y en la calidad del tiempo que dedico, interfieren siempre estados particulares como si he dormido bien, el termostato de la menopausia o si a mi hijo le ha ocurrido algo, uno de los estresores más insistentes y de desconcentración que puedo tener.

Cuando algo de esto ocurre y debo seguir trabajando, tengo que optar por realizar dos tareas mentales: concentrarme en una cosa y no pensar en otra. Esto supone un esfuerzo mayor. Cuando hablo de un problema en realidad puede ser cualquier problema de tipo emocional, de los que te desgastan y minan, como la preocupación por un ser querido o el estrés.

No digo que a las personas jóvenes esas cosas no les despisten, probablemente lo hagan más, pero a nuestra edad sucede con mayor frecuencia. Nuestro estado ideal es que «nada nos altere». En este «nada» se incluye también el impacto de fármacos que afectan a nuestra cognición —y que pueden ser necesarios, como los antihistamínicos o los analgésicos—, la COVID-19 o cualquier otra enfermedad que probablemente nos afecte más ahora que antes, y nos deje secuelas similares a la resaca. Los fármacos y la respuesta a enfermedades son necesarios, de eso no hay duda, pues el dolor o malestar puede ser más estresante y perjudicial, y a veces nos damos cuenta de que ya no somos tan inmunes como antes a sus efectos.

En este apartado quiero detenerme en analizar algunos hábitos laborales y su costo cognitivo. Al igual que podemos creer que un trabajo de porteador puede ser más pesado físicamente que uno de oficinista, y que un duro trabajo físico puede llegar a provocar una incapacidad laboral, no valoramos con tanta claridad los pesos cognitivos.

Un peso cognitivo claro es el atencional continuo, como hablábamos páginas atrás cuando narramos el episodio del camarero. En cualquier caso, aunque puede ser un trabajo pesado, este tiene principio y fin, al igual que el de un controlador aéreo: la jornada de alta carga atencional acaba cuando aterriza el último avión. Los puestos en logística y ciertas producciones también pueden participar de alto control atencional y mucha habilidad ejecutiva. Pueden ser extenuantes, pero empiezan y terminan; además, suelen tener picos laborales de intensidad y momentos más relajados.

En otras áreas los procesos se extienden más en el tiempo: proyectos de construcción, elaboración y producción a medio-largo plazo, softwares, programas sociales, trabajo con personas en procesos medios o largos con principio y fin. Si lo comparamos con el trabajo que desempeña un médico, sería como atender a pacientes en consulta con casos leves, pero no las urgencias de un hospital. Este tipo de trabajo puede no requerir tanto control atencional, pero la carga de memoria es mayor; hay que perseguir un seguimiento, te obliga más a planificar a medio plazo y es más probable que te lleves el trabajo a casa.

También en empleos en los que la actividad es muy similar siempre, se atiende a las mismas personas o los casos son repetitivos, o en los que las tareas pueden demorarse años (como la atención a un paciente crónico), lo más peligroso es la pérdida atencional, la desmotivación y el cansancio.

Los trabajos de atención alternante continua, o las épocas de presión específica, pueden alterar nuestra cognición más que cuando éramos jóvenes. Si, además, trabajamos con personas o animales en vez de con máquinas, el desgaste emocional puede ser demoledor, y nuestra función ejecutiva puede verse agotada. El *burnout* o síndrome de desgaste profesional tiene una medida muy diferente en unos trabajos u otros, y un punto de partida también distinto; aunque la variabilidad de los profesionales sea grande, algunas profesiones literalmente derrotan. Un año de cada cinco desempeñando otra actividad, da lo mismo que sea en el mismo sector, podría darnos una perspectiva enriquecedora y suponer un gran descanso.

Velocidad de procesamiento y cambio de tarea

En un amplio estudio realizado en 2005 se describieron diferencias de edad en el tiempo de reacción y atención en una muestra de adultos. Como en otros estudios, los niveles más altos de educación se asociaron con una mayor eficiencia ejecutiva central durante la edad adulta. En general, los adultos —hasta los setenta y cinco años— con títulos universitarios se desempeñaron en tareas complejas como las personas con menos educación diez años más jóvenes. Pero yo creo que quizá las personas que tienen estudios superiores pueden tener trabajos más enriquecedores cognitivamente a lo largo de la vida. Estos hallazgos sugieren que la educación avanzada o el trabajo enriquecedor pueden moderar las diferencias de edad en tareas complejas y rápidas. Asimismo, el estudio demostró los efectos de la edad, la educación y el sexo en el tiempo de reacción. Se asoció respuestas más lentas en los adultos mayores y aquellos con menor educación. También se advierte la modificación en el control atencional si el cambio es involuntario, y ocurre principalmente cuando el estímulo es inesperado, es decir, podríamos ser más vulnerables a este control atencional, siendo más esclavos de las distracciones o costándonos más volver a concentrarnos tras ellas. De nuevo, el *switching*.

Una vez estuve en un programa de entrevistas muy interesante en el que comenté la caída de la atención con la edad y destaqué que, a partir de los treinta años, no se puede ser *gamer* profesional, y tuve algunas críticas al respecto. Lo entiendo porque, curiosamente, tenemos la idea clara de que nuestro cuerpo ya no es tan eficaz, fuerte y resistente como cuando éramos jóvenes; sin embargo, pensamos que nuestro cerebro es el mismo o mejor. De ello trata este libro. Respecto a esa entrevista, probablemente me expliqué mal. Los videojuegos me parecen una herramienta magnífica de estimulación, habilidades, entretenimiento e incluso relación social a todas las edades. Juego a la consola para evaluar el procesamiento cerebral y estoy convencida de sus beneficios; de hecho, desde mi punto de vista, los videojuegos aún no se utilizan lo suficiente para evaluar, tratar, entrenar y educar, y es una de las mejores maneras para hacerlo, y de las más completas. Los *eSports* son, en sí mismos, lo más parecido a las olimpiadas cerebrales y me encantaría que tuvieran una mayor difusión, más variedad e incluso que hubiera más categorías que apliquen más funciones cognitivas, para que la diversidad de jugadores sea mayor. Pero, actualmente, dicho por los propios jugadores y expertos en el tema, parece ser que la alta carga de velocidad de procesamiento y atención que requieren algunos videojuegos están vetados a los más mayores. Por razones obvias.

«Es difícil encontrar un jugador profesional con más de veinticuatro años de experiencia. Además, es un deporte con mucho estrés, que requiere muy pronto un alto nivel de responsabilidad y reflejos. Un chaval de quince años con un buen entrenamiento podría superar a un veterano por la velocidad de su juego». Son palabras de Alberto León, director general de Rock eSport, empresa que recopila y analiza datos del sector. El esfuerzo físico que realizan los deportistas de élite no es comparable al ejercicio puramente mental de los jugadores profesionales de videojuegos. La edad media de retirada en muchos *eSports* está muy por debajo de los treinta.

Experiencia mal utilizada

La mediana edad ofrece un conjunto único de habilidades cognitivas, especialmente en las áreas de razonamiento y abstracción sobre bases conocidas. A medida que las personas avanzamos en la mediana edad, tendemos a depender menos de las capacidades cognitivas «crudas» y más del razonamiento basado en la experiencia. Esta acumulación de experiencias vitales permite un razonamiento más profundo y matizado sobre situaciones complejas, que no se basa solamente en la lógica pura, ya que también podemos presumir de mejor perspectiva global. En contraposición a un enfoque más lineal o detallado, las personas de mediana edad a menudo podemos ver el panorama general. Esta capacidad para comprender y considerar múltiples puntos de vista puede mejorar el pensamiento abstracto y las habilidades de resolución de problemas. La madurez emocional, unida a la abstracción, hace que la capacidad para comprender y manejar emociones complejas tienda a mejorar con la edad. Sin embargo, no somos mejores en inteligencia fluida, no damos mejores resultados en esta área, en la medición de razonamiento fluido puro, sobre todo en tareas novedosas.

La relación entre la edad y la inteligencia ha sido objeto de muchos estudios y debates en el campo de la psicología del desarrollo y la neuropsicología. Como hemos descrito más arriba, la inteligencia tiende a declinar con la edad. La inteligencia cristalizada tiende a ser estable o incluso a mejorar con la edad.

Quizá a partir de los cuarenta dispongamos de una mentalidad integradora, y solemos ser más inclusivos en nuestro pensamiento. Esto puede manifestarse como una capacidad para integrar diferentes tipos de información o ver conexiones entre conceptos que parecen no estar relacionados. Tal vez nos enfoquemos más en la información esencial y relevante, filtrando distracciones o información secundaria. Esta habilidad para priorizar puede mejorar el razonamiento y la toma de decisiones, pero también puede hacernos menos innovadores y proclives a lo que se ha llamado «pensamiento lateral». Y como hemos avanzado antes, podemos empezar a tener una flexibilidad cognitiva limitada.

La creatividad es otro ámbito de estudio, La creatividad y la inteligencia son conceptos relacionados pero distintos, y su definición puede variar según la perspectiva. Algunos argumentan que cualquier persona puede ser creativa, mientras que otros sostienen que la creatividad se limita a aquellos que hacen contribuciones únicas y originales a la sociedad. Se pueden distinguir dos tipos de creatividad: la ordinaria, que se observa en situaciones cotidianas, y la excepcional, que se relaciona con contribuciones significativas. La creatividad implica pensamiento divergente o lateral, capaz de generar múltiples respuestas a una pregunta, y tiene que ver con la posesión de conocimiento en un área específica de interés. A medida que las personas maduran, su creatividad puede seguir diferentes patrones, y la década de los treinta años suele ser un periodo de alta creatividad. En algunas áreas, como las humanidades, la creatividad puede mantenerse hasta una edad avanzada, mientras que en otras, como la ciencia, puede disminuir con el tiempo. El talento creativo no siempre se refleja en la inteligencia académica y se fomenta mediante una actitud receptiva hacia ideas novedosas y momentos de relajación que permiten la solución creativa de problemas. Podemos emplear la metáfora de esperar a la musa. La creatividad es fundamental en la producción artística, el pensamiento científico y el progreso social, ya que las personas creativas tienden a ser independientes en su pensamiento y menos influenciadas por las convenciones sociales. O quizá solo estén muy entrenadas en romper patrones, hasta los suyos propios.

El beneficio o maleficio de los patrones y sesgos puede ser una pieza clave para trabajar nuestra comprensión del mundo. Mientras que los jóvenes a menudo destacan en la adquisición rápida de nuevas habilidades o información, las personas de mediana edad tienden a ser mejores reconociendo patrones basados en experiencias anteriores. Sin embargo, esa tendencia a conducirnos por los mismos patrones —ya que el cerebro tiende a economizar— puede aumentar nuestros sesgos, dañar nuestra tolerancia y buscar formas cómodas de ver el mundo que pueden conducirnos a la rigidez, las ideas preconcebidas, el pensamiento no crítico y la categorización estricta y obtusa, lo que llevaría desde una perspectiva externa a un declive de la función ejecutiva y, como se dice popularmente, a «no salir de la zona de confort».

La memoria tampoco esclarece demasiado respecto a darnos o no la razón frente a un sesgo. Incluso cuando el cerebro se enfrenta a vacíos en la memoria, intenta llenar esos vacíos para mantener una sensación de continuidad. Por ello, la experiencia y los patrones cognitivos, que el cerebro utiliza para ser más efectivo y economizar recursos, pueden en un momento dado ser nuestro peor aliado, ya que los sesgos, que pueden ser efectivos para evaluar y actuar en una situación, suelen impregnar nuestra capacidad de valoración de una situación específica y crear un cúmulo de pensamientos polarizados y obtusos que nos llevarían a tener una visión muy poco enriquecedora de la vida. Para estos temas, hay libros muy claros e indispensables si quieres saber más al respecto, como explica muy bien Ramón Nogueras en *Por qué creemos en mierdas.*

Desde esta pequeña introducción a las funciones cerebrales en la mediana edad, la rigidez y los sesgos pueden no ayudarnos a crecer y seguir aprendiendo de nuestros aciertos y errores, y pueden construir un mundo irreal sostenido por ideas rígidas preconcebidas que no cambiamos.

La repetición de los errores y los sesgos experienciales pueden convertir la experiencia en una repetición continua, lo que no es lo mismo que ser sabio. Si no reajusto y valoro lo que no hago bien, mis actos se convierten en mera repetición, pero no es experiencia; la experiencia es positiva cuando incluye, adopta y planifica cambios, tal como comentábamos con la función ejecutiva.

Vivimos en una cultura donde el cambio a veces no es bien valorado. Y como decía Mercedes Sosa, «cambia, todo cambia» y «si todo cambia, que yo cambie no es extraño». Llamar «tránsfuga» en política a una persona que cambia de partido es ya una muestra de esa reticencia. Si la perspectiva es que cambia por interés y la crítica se dirige hacia esa cuestión, estaríamos más cerca de la expresión «chaquetero», pero entonces no hablamos de cambios de principios, sino de que no existen o de que «si no te gustan, tengo otros». De cualquier modo, el cambio debe adoptarse como positivo, sobre todo si viene de una reflexión y una orientación genuina.

En la clínica vemos diariamente que las mudanzas vitales en la mediana edad son fuente de estrés y trastornos de ansiedad, y que los cambios externos asociados a nuestra vida nos sacuden y, como hemos señalado antes al compararnos con los jóvenes, nos puede costar más adaptarnos.

Tendemos a basarnos en nuestra experiencia y eso nos da seguridad, pero no debemos confiar en nuestra experiencia concreta, sino en la abstracta. Intentaré explicar mejor este concepto.

Las ideas irracionales se trabajan en psicología desde hace años, están bien categorizadas y permean en nuestra conducta diaria, haciendo que esos pensamientos, apoyados por el lenguaje, hagan una guía malinterpretada de lo que va a ocurrir. Hay excelentes libros sobre ideas irracionales y distorsiones cognitivas que pueden mejorar mucho tu estrés, pero te recomiendo un trabajo corto y eficaz junto a un psicólogo.

Respecto a la ansiedad, si es elevada pero no patológica, y no es un trastorno de ansiedad generalizada que afecta ya a todas las áreas de tu vida, la metáfora de los vasos comunicantes me parece muy esclarecedora y eficaz para épocas «movidas». El desasosiego y la ansiedad aparecen en momentos no directamente asociados con el estímulo estresor. La ansiedad es una sensación similar al miedo, que se puede entender como una forma de angustia que conlleva sensaciones de agitación, inquietud, tensión y preocupación, pero, a diferencia del miedo, no tiene un origen externo o identificable. Es una respuesta natural que nos mantiene alerta emocionalmente. En los seres humanos, el control emocional suele ser limitado, y nuestras emociones a menudo influyen en nuestro pensamiento. Para comprender mejor los trastornos de ansiedad, es útil considerar los mecanismos del miedo, ya que ambos están vinculados y se activan en situaciones de riesgo. La diferencia clave entre ansiedad y miedo radica en que el miedo responde a una amenaza externa, mientras que la ansiedad surge internamente, generando temor hacia el mundo exterior. Podemos pensar en la ansiedad como un miedo no resuelto, donde el deseo de escapar o evitar situaciones amenazantes se ve obstaculizado, lo que contribuye a su persistencia. El problema es cuando no podemos abordar lo que realmente nos inquieta.

Imagínate unos vasos comunicados: cuando llenamos uno, no tiene por qué desbordarse, sino que puede evitarse que se desparrame llenando el vaso contiguo, que no estaba tan lleno; el equilibrio del sistema busca que nada se derrame, pero la identificación de los vasos que están demasiado llenos o se llenan muy deprisa en un momento dado no es sencilla.

Cada vaso significa un entorno con sus características: trabajo, pareja, hijos, padres, expectativas, economía... Imagina que la ansiedad y el estrés se comportan de manera similar. Podemos preguntarle a alguien: «¿Qué te pasa?», y que nos conteste: «No lo sé...». Porque quizá sí reconocemos un pico de trabajo o una mala relación, pero lo identificamos como «Bueno, sí, pero no es para tanto...». No entendemos cómo algo así, difícil pero abordable, nos puede generar tanta ansiedad. Y es cierto, no es ese vaso en concreto, sino el desbordamiento del resto. Si esto sucede a lo largo del tiempo, todos los vasos empezarán a estar casi llenos y la carga se hará generalizada, sin saber qué abordar primero ni de qué manera, y haciendo del estrés una forma de vida que, a la larga, afectará al resto de las áreas.

La mudanza, no solo de casa, en la mediana edad sucede a menudo, y la detección de problemas para buscar soluciones debe ser lo que más nos preocupe. Aferrarse a lo que está bien, al vaso que tiene la cantidad justa de agua, podría ser una manera de valorar el resto y saber lo que nos ocurre realmente.

La experiencia no nos va a servir en estas situaciones, y es esperable que redirijamos nuestros recursos hacia lo que otras veces hemos hecho y, en el peor de los casos, a, por ejemplo, pensar: «Tengo un problema con mi pareja. Es que está claro que, a mí, por experiencia, las relaciones siempre me salen mal». Eso sería una idea irracional que cabe eliminar. La anterior vez no lo sé, pero esta, en parte, es porque ya tienes la profecía hecha. Las distorsiones cognitivas son muestras de patrones experienciales (por uno mismo o aprendidos de otros) que te impiden un crecimiento y una valoración de la realidad adecuados.

Por tanto, un factor adicional en la madurez cerebral y en el cambio cognitivo es cómo las personas respondemos al cambio y reutilizamos la experiencia distorsionada, y esta ocasión de manera equivocada.

El desafío de la memoria y los cambios de estrategias

Los resultados de los estudios sugieren que, cuando los adultos mayores pueden confiar en el conocimiento previo y el apoyo esquemático, y las tareas involucran materiales naturalistas, la memoria para la información asociativa puede ser tan buena como la de los adultos más jóvenes. Durante la mediana edad se observan cambios en los sistemas frontal-estriados, relacionados principalmente con la materia blanca y atrofia, lo que puede llevar a ligeras dificultades en la memoria de trabajo, especialmente en tareas que requieren atención y procesamiento controlado. El declive de la memoria con la edad es resultado de múltiples procesos distintos asociados con la madurez y los cambios celulares, y no siempre son indicativos de condiciones más serias. A pesar de la dificultad en proporcionar una explicación simple y clara, hay una distinción recurrente entre el declive cognitivo relacionado con dificultades ejecutivas y de atención y aquel relacionado con la memoria declarativa a largo plazo. Las causas incluyen cambios vasculares vinculados a la hipertensión, agotamiento de neurotransmisores y otras patologías. Aunque todas estas causas están fuertemente asociadas con la edad, pueden progresar a diferentes ritmos en cada persona y combinar su influencia en los procesos de memoria.

Estos resultados son coherentes con investigaciones que indican que las diferencias relacionadas con la edad se reducen dependiendo de los materiales y objetivos de la tarea. Cuando las tareas de memoria involucran información significativa y naturalista, las diferencias relacionadas con la edad pueden minimizarse o eliminarse. Volvemos otra vez a cierta reticencia a la novedad. Si bien algunos estudios sugieren que estas diferencias no se reducen al depender del conocimiento previo y el apoyo esquemático, podría ser porque la integración de nueva información con esquemas cognitivos requiere recursos que disminuyen en los adultos. Este proceso de integración podría facilitarse para los adultos mayores, adaptando la naturaleza de la tarea y buscando materiales realistas que promueven una mejor asociación.

Una perspectiva optimista y realista sería que el cerebro se adapta y utiliza su «banco de conocimientos» para navegar y recordar información, especialmente cuando esa información es relevante o está arraigada en experiencias de la vida real. Este enfoque funcional, relacionado con el valor y la teoría del control estratégico y selectivo, puede ofrecer una vía prometedora para estudiar los cambios relacionados con la edad a lo largo de la vida y comprender las limitaciones, sesgos y beneficios que acompañan el rendimiento de la memoria cuando maduramos. Por último, la tendencia de los adultos mayores a centrarse en información de alto valor, sumada a su conocimiento previo para complementar la memoria, o el acto de recordar información positiva y crucial a expensas de otros detalles, puede resultar en un uso eficiente y efectivo de la memoria durante la vida adulta; aunque objetivamente no nos acordemos bien de los detalles, podemos recordar muy bien la experiencia concreta, lo que significa que aprendemos de ello.

Cuando los adultos mayores podemos contextualizar la información basándonos en experiencias previas o un marco de conocimiento (soporte esquemático), nuestra capacidad de memoria puede ser tan eficaz como la de los adultos jóvenes. Sin embargo, hay una posibilidad de interferencia en la memoria cuando nos encontramos con información que es extremadamente familiar o conocida. Si hemos tenido múltiples experiencias con un tema específico a lo largo de los años, la variabilidad en esos recuerdos podría dificultar la precisión en la recuperación de un detalle específico, haría interferencia e intrusiones (cosas que no queremos recordar en este momento se inmiscuyen). ¿En qué familia no existe un hecho contado tantas veces que parece que todos lo hayamos vivido?

En resumen, mientras que la contextualización y la experiencia previa pueden ser ventajosas para la memoria de los adultos en ciertos escenarios, también pueden enfrentarse a desafíos adicionales, como la interferencia y la intrusión.

En la mediana edad también se ha reportado una disminución notable en la velocidad de búsqueda en la memoria verbal y hay una reducción sistemática en la capacidad de la memoria de trabajo para almacenar información visual con precisión.

La memoria retrospectiva está fuertemente vinculada a una disminución de los recursos de procesamiento relacionados con la edad. La memoria retrospectiva se refiere a recordar información o eventos pasados, como lo que comiste ayer para el desayuno. El recuerdo a menudo es provocado por preguntas o estímulos específicos y son recuerdos de nombres, fechas, hechos y eventos que han ocurrido. La función ejecutiva, específicamente la actualización (una subfunción que permite reemplazar información irrelevante por información nueva y relevante en la memoria de trabajo), juega un papel crucial en la pérdida de memoria relacionada con la edad. La disminución de la memoria vinculada con el envejecimiento podría ser el resultado de una reducción en los procesos de consolidación, como sugieren algunos hallazgos de la resonancia magnética funcional en estado de reposo. Estos descubrimientos, tomados en conjunto, enfatizan que la memoria no es un sistema monolítico y estático, sino un conjunto de subprocesos que pueden verse afectados de manera diferencial a medida que maduramos.

También la memoria de orden temporal, que implica recordar la secuencia de eventos, puede empezar a disminuir en la mediana edad, sobre todo cuando hay mucha interferencia temporal, aunque quizá tampoco nos importa mucho cuándo fue exactamente, si en 2013 o 2015.

La memoria prospectiva se refiere a la capacidad de recordar realizar una acción o tarea en el futuro. Es, en esencia, la memoria para las «intenciones futuras». Incluye recordar eventos específicos que uno planea hacer, como asistir a una cita médica la próxima semana, o acciones habituales, como tomar medicamentos todos los días a una hora específica. Con frecuencia, el recuerdo necesita ser autoiniciado en el momento apropiado, sin un estímulo externo. En la vida diaria se materializa en recordar pagar las facturas, tomar medicamentos, asistir a reuniones o hacer una llamada en un momento específico.

Algunos estudios sugieren que las tareas que requieren memoria prospectiva basada en eventos (por ejemplo, recordar hacer algo después de ver una señal específica) pueden verse menos afectadas por la edad que las tareas basadas en el tiempo (como recordar hacer algo en una hora específica). Esto nos hace candidatos a poner alertas y calendarios en la nevera y no a sufrir innecesariamente. No obstante, otros factores, como la motivación, la importancia personal de la tarea y las estrategias de recordatorio, pueden influir en cómo las personas de diferentes edades desempeñan tareas de memoria prospectiva.

A diferencia de los adultos mayores, los adultos jóvenes pueden tener una memoria prospectiva diaria más débil. Sorprendentemente, entre la mediana edad y la vejez, esta memoria prospectiva cotidiana no parece deteriorarse con la edad y puede tener más que ver con los hábitos y una vida ordenada y más repetitiva.

La capacidad de recordar selectivamente información importante es esencial para la función de la memoria. Se ha explorado cómo jóvenes y adultos mayores recuerdan selectivamente palabras con diferentes valores numéricos asignados. El objetivo de un estudio era determinar si los jóvenes podían recordar información de valor más específica que los adultos mayores. Ambos grupos fueron igualmente capaces de recordar los valores de las palabras de alto valor, pero los jóvenes superaron a los adultos mayores al recordar valores específicos. Los resultados sugieren que, aunque ambos grupos retienen información de alto valor, los adultos mayores dependen más de operaciones de codificación y recuperación basadas en la esencia de la tarea mientras que los jóvenes pueden recordar información de valor específico sin asociar, lo recuerdan y ya está, como una memoria fotográfica, sin relación.

Otros estudios han examinado la memoria asociativa cuando se trata de recordar información basada en su importancia, y coinciden en que ambos grupos, jóvenes y adultos mayores, muestran la capacidad de recordar selectivamente la información de alto valor. De nuevo, la forma en que procesan y recuerdan esta información varía: los adultos mayores parecen confiar más en el procesamiento basado en la esencia, mientras que los jóvenes retienen detalles más específicos. Por tanto, aunque los adultos mayores pueden no recordar con el mismo nivel de detalle que los jóvenes, no significa necesariamente que su memoria esté deteriorada en todos los aspectos. Simplemente procesan y recuerdan información de una manera ligeramente diferente, enfocándose más en el significado general y menos en los detalles. En cualquier caso, la memoria de trabajo tiene unas limitaciones, y la mejora de las estrategias de memoria independientemente de la variabilidad nos puede llevar a tener mejores resultados.

Para comprender las limitaciones de la capacidad de memoria de trabajo es importante distinguir entre las medidas relacionadas con el procesamiento y las específicas de almacenamiento. Las primeras tienen que ver con tareas que permiten estrategias para maximizar el rendimiento, como repetir verbalmente los ítems o agruparlos en categorías. Las segundas minimizan procesos que interfieren con el almacenamiento de información en la memoria de trabajo. Por ejemplo, si intentamos recordar materiales verbales, uno puede intentar repetirlos mentalmente o formar conjuntos de múltiples palabras, como imaginar pan flotando en leche con pimienta para recordar comprar esos productos.

La medición de la capacidad específica de almacenamiento se mide evitando o controlando estrategias de memoria y bajo ciertas condiciones, como la presentación de información en una matriz espacial simultánea breve. En general se observa que solo se pueden mantener en mente de forma consciente de tres a cinco ítems. Las condiciones en las que se previenen procesos como agrupación y ensayo son útiles para predecir el rendimiento cuando el material es demasiado breve, largo o complejo para permitir tales estrategias.

Muchos teóricos con modelos matemáticos que abordan aspectos particulares de la resolución de problemas y el pensamiento han permitido que el número de ítems en la memoria de trabajo varíe. Estos modelos tienden a establecer un valor óptimo de alrededor de cuatro ítems. Comprender las limitaciones de la capacidad de memoria de trabajo implica discernir entre las medidas relacionadas con el procesamiento y las específicas de almacenamiento. Por tanto, respecto a la constancia de la capacidad de memoria de trabajo y las diferencias individuales, hay una facultad central de memoria de trabajo limitada a entre tres y cinco bloques en adultos. Esta limitación puede predecir errores en el pensamiento y el razonamiento. En cuanto a las diferencias individuales en la habilidad de memorizar, las personas pueden diferir en cuánto pueden almacenar.

Algunas investigaciones sugieren que las personas con baja capacidad de memoria almacenan menos porque usan más capacidad para retener información irrelevante. Sin embargo, estudios recientes han mostrado que hay verdaderas diferencias de capacidad entre individuos. Otras investigaciones indican que tanto las capacidades de almacenamiento como de procesamiento contribuyen de manera importante, en parte separada y en parte superpuesta, a la inteligencia y al desarrollo.

En resumen, podemos decir que la capacidad de memoria de trabajo es constante y limitada a entre tres y cinco bloques en adultos. Todo lo que suponga mejora de esa capacidad dependerá de que no interfieran estímulos irrelevantes y de que los agrupemos con estrategias que, según nuestro estilo cognitivo, nos resulten más sencillas. Los cursos de entrenamiento de memoria se suelen basar en el uso y aprendizaje de estrategias. Me parecen muy útiles, la única pega que puedo poner es que no evalúan primero si tu estilo cognitivo prefiere ítems visuales o auditivos, o si se basa en asociaciones específicas, por lo que, de nuevo, la autoconciencia de nuestras funciones cognitivas puede ser de vital importancia para mejorar. En cualquier caso, la atención desempeña un papel crucial en la capacidad de almacenamiento y las teorías sugieren que este límite en la capacidad de memoria es tanto una debilidad como una fortaleza. Podría ser una debilidad porque aumentar esta capacidad podría ser biológicamente costoso. No obstante, también puede ser una fortaleza, ya que un límite establecido puede hacer que la búsqueda de información sea más eficiente y previene confusiones. Aunque las limitaciones de nuestra memoria pueden parecer un obstáculo, pueden ser beneficiosas para nuestro procesamiento cognitivo.

La memoria no se fundamenta simplemente en recordar ítems, sino sobre todo en queremos comprender y procesar información de manera efectiva, y conocer nuestras limitaciones nos permite adoptar estrategias para mejorar nuestra capacidad mnésica.

4

Diferencias claves y resultados que son o pueden ser ventajas

Y cuando todo se muda,
solo la mudanza es firme.

Control de la recompensa y planificación a medio largo plazo

La mediana edad trae consigo desafíos únicos, como el síndrome del «nido vacío», cuidar de padres mayores, cambios de trabajo o de pareja y, en general, un camino un tanto más complicado de lo que preveíamos. La flexibilidad cognitiva nos sirve para adaptarnos a estos cambios, reevaluar metas y dar con nuevas formas de encontrar significado y propósito. Las personas que han desarrollado resiliencia a lo largo de su vida tienden a ser más adaptables y pueden manejar el estrés y los cambios de manera más efectiva. Planificar a medio plazo es algo que se nos da mejor ahora y, además, hemos aprendido a esperar. Si no tenemos más paciencia que antes, vamos mal.

El control inhibitorio que nos permite suprimir respuestas automáticas en favor de acciones más adecuadas o reflexivas parece que aumenta con la edad, por tanto, la mediana edad puede traer consigo un equilibrio entre la espontaneidad y la reflexión. Los cerebros jóvenes son notables en su capacidad, pero también son inconsistentes. En esta etapa crítica de exploración y desarrollo, están particularmente sintonizados con las recompensas. Al mismo tiempo que un adolescente puede demostrar una habilidad impresionante para establecer una meta y perseguirla, también puede ser fácilmente descarrilado por tentaciones o distracciones. Esta etapa impone demandas complejas al cerebro, que necesita habilidades como la memoria de trabajo, el control de los impulsos y la adaptabilidad a cambios rápidos en ciertas circunstancias. A medida que avanzamos hacia la mediana edad, la función ejecutiva se estabiliza. La experiencia acumulada, combinada con la maduración cerebral, permite un mejor manejo de las distracciones y tentaciones. La capacidad para evaluar situaciones, anticipar consecuencias y adaptarse a cambios complejos se vuelve más robusta y refinada. Esta madurez cognitiva es el resultado de años de práctica y aprendizaje.

En realidad, el cerebro adolescente y joven está en una fase crucial de adaptación y maduración. Mientras los adolescentes están en esta transición, su cerebro experimenta una remodelación masiva. Las conexiones neuronales (o sinapsis) que se usan con frecuencia se fortalecen, mientras que las que no se emplean se podan o eliminan. Este proceso, conocido como «poda sináptica», es esencial para afinar y mejorar la eficiencia del cerebro. Hemos hablado antes de los estudios de la Dra. Luna, que sostiene que es erróneo pensar en el cerebro adolescente como un proyecto inacabado o defectuoso. Más bien, es un cerebro optimizado para aprender y adaptarse. Está diseñado para ser flexible y adaptable, lo que permite a los adolescentes responder a su entorno con una mezcla única de impulsividad y creatividad. Apunta también que, si bien es cierto que los adolescentes pueden mostrar lapsos en el juicio y pueden tomar decisiones impulsivas debido a esta flexibilidad cerebral, también poseen una increíble capacidad para la innovación, la creatividad y el aprendizaje. Es esta misma flexibilidad la que les permite adaptarse rápidamente a nuevas tecnologías, culturas y desafíos. La evolución de la función ejecutiva desde la adolescencia hasta la mediana edad es una transición de la capacidad de respuesta impulsiva y adaptable a una más reflexiva y consolidada.

Los adolescentes tienen todos los circuitos neuronales esenciales para la función ejecutiva y el control cognitivo. De hecho, cuentan con más conexiones neuronales de las que realmente necesitan. Como señala la Dra. Luna, lo que les falta es experiencia. Su cerebro está diseñado para adaptarse y enfrentar desafíos nuevos y desconocidos, esto les permite asumir situaciones que incluso sus padres nunca tuvieron que afrontar. Esta adaptabilidad, aunque puede llevar a decisiones impulsivas, es crucial para la independencia. Los empuja a buscar y aprender de situaciones más allá de lo que se les ha enseñado activamente. Las personas en la mediana edad ya han pasado por este proceso de poda, consolidando las conexiones más importantes y eliminando las redundantes.

Ya hemos visto que el control cognitivo es una habilidad para manejar la información, tomar decisiones y ejecutar acciones. Sin embargo, en diferentes etapas de la vida, esta capacidad puede ser influenciada por diversos factores, y la motivación juega un papel crucial en este proceso, especialmente durante la adolescencia.

Los adolescentes experimentan una serie de cambios hormonales y neuroquímicos que influyen en su comportamiento, y uno de estos cambios es el aumento en la sensibilidad de los sistemas de recompensa del cerebro. La dopamina es un neurotransmisor clave que regula la motivación, el placer y la recompensa. Durante la adolescencia, hay una actividad elevada en el sistema dopaminérgico, especialmente en áreas asociadas con la recompensa, como los ganglios basales. Al estar más orientados hacia la recompensa, los adolescentes son más susceptibles a las influencias motivacionales externas, sobre todo si estas recompensas son tangibles o inmediatas. Los adultos, en general, han desarrollado la capacidad de diferir la gratificación, basando sus acciones en objetivos a largo plazo o en la consideración de las consecuencias futuras. En contraste, los adolescentes pueden ser más impulsivos y orientados hacia el presente, buscando gratificaciones inmediatas. En entornos educativos o terapéuticos, por ejemplo, comprender la motivación de los adolescentes y cómo estructurar las recompensas puede ser importante para promover comportamientos y decisiones beneficiosas. Esta habilidad de postergar las recompensas y no actuar impulsivamente es la que nos diferencia; por eso cuando vemos a una persona actuar así, dirigiendo su conducta hacia la recompensa inmediata o a corto plazo, aunque tenga sesenta años, lo tachamos de inmaduro.

Esta estabilidad refleja una capacidad refinada para equilibrar la reflexión con la acción, y el conocimiento con el reconocimiento de patrones, que se desarrolla a través de repetidas experiencias y situaciones, aunque también puede verse muy influenciada por un mayor temor a la incertidumbre.

La experiencia bien utilizada favorece la comprensión del mundo. ¿Es esto la sabiduría?

Los años por sí solos no traen experiencia, sino la reflexión y las lecciones que aprendemos. La sabiduría en la mediana edad es un tema que ha sido explorado en varios estudios y es realmente un término resbaladizo como él solo. Un estudio encontró que la asociación entre edad y sabiduría es curvilínea, con un pico en la mediana edad. Otra investigación examinó el papel mediador de la sabiduría en la relación entre el significado de la vida y las actitudes hacia la muerte en la edad adulta media y tardía. Además, diferentes estudios han demostrado que los rasgos de personalidad relacionados con el crecimiento de la personalidad, como la apertura a las experiencias, pueden predecir la sabiduría en la vejez. También se ha descubierto que la educación está relacionada positivamente con la sabiduría y puede afectar a la forma de la relación edad-sabiduría.

En general, estos estudios sugieren que la sabiduría en la mediana edad está influenciada por varios factores, incluida la edad, los rasgos de personalidad y la educación. La sabiduría no es simplemente un subproducto de la vejez. Se nutre y crece a lo largo de toda nuestra vida.

Pero ¿qué es la sabiduría?

La sabiduría se ha definido como «el grado más alto del conocimiento» (RAE) y que puede manifestarse de varias maneras: conducta prudente en la vida o en los negocios, lo que implica tomar decisiones cuidadosas y bien pensadas o/y un conocimiento profundo en áreas como las ciencias, las letras o las artes, indicando un alto nivel de expertise en un campo específico.

Las personas que más han estudiado la sabiduría también se han empeñado en medirla. Paul B. Baltes y Alexandra M. Freund son los creadores de un modelo teórico que busca identificar las bases para alcanzar lo que consideran el estado final del desarrollo humano: la sabiduría. Según este modelo, la sabiduría es el estado más avanzado del desarrollo humano por dos razones principales: representa el nivel más alto de conocimiento sobre las metas y medios de la vida, según análisis antropológicos y filosóficos, y es un concepto general que permite variaciones en su expresión, combinando lo universal con lo particular y cultural. Los autores sostienen que la sabiduría abarca el espectro más amplio de metas y recursos cognitivos, emocionales y motivacionales, dentro de los cuales es posible vivir una vida buena. En este sentido, la sabiduría facilita la comprensión de los contextos y la adaptación a las circunstancias cambiantes que enfrenta cada individuo en su vida. Lograr la sabiduría podría llevarnos a aprovechar mejor nuestras capacidades y potencialidades. La pregunta fundamental es si existe alguna forma de acercarse a este estado de sabiduría.

El principal objetivo de su modelo fue idear un sistema que le permitiera medir cuantitativamente la sabiduría. Su principal obstáculo fue diferenciar entre sabiduría e inteligencia. En su evaluación de la sabiduría propusieron cinco criterios:

1. Conocimiento fáctico: conocer el qué de la condición y la naturaleza humanas.
2. Conocimiento procedimental: estrategias para resolver los problemas de la vida.
3. Contextualismo de la vida: conocimiento de los entornos vitales y las situaciones sociales y cómo cambian con el tiempo.
4. Relativismo de valores: ser consciente de las diferencias culturales y ser considerado y sensible a los diferentes valores.
5. Conciencia y gestión de la incertidumbre: reconocer los límites del conocimiento y comprender la incertidumbre del futuro.

Esto debe acompañarse de un balance entre ajuste y crecimiento. Para promover el desarrollo de la sabiduría durante toda la vida, es necesario un equilibrio entre el ajuste de personalidad y el crecimiento. Esto se ve facilitado por el apoyo social y la competencia durante los años formativos. Se nutre de una especial importancia de la *apertura en la juventud*; una mentalidad abierta a nuevas experiencias durante la adultez temprana puede ser un predictor de la sabiduría en la vejez. Se acompaña de estabilidad *emocional* y *extraversión*, cualidades de la adultez temprana que están vinculadas a un mayor bienestar subjetivo en etapas posteriores de la vida. También gusta de un *crecimiento psicosocial*; el desarrollo constante a nivel psicosocial a lo largo de la vida, facilitado por un apoyo en la infancia, la competencia en la adolescencia, la estabilidad emocional en la adultez temprana y la generatividad en la mediana edad, contribuye al desarrollo de la sabiduría en la vejez.

En resumen, la sabiduría es el resultado de toda una vida de experiencias, crecimiento y superación de desafíos psicosociales. La promoción de estilos de vida saludables, el apoyo en etapas tempranas y la estabilidad emocional juegan roles cruciales en su desarrollo. Pero ¿no os recuerda un poco a una buena función ejecutiva? ¿Estaría ligado siempre a la edad? ¿Puede haber niños sabios, o jóvenes sabios, que tengan ya esa templanza? Yo diría entonces que, de entrada, tienen una buena función ejecutiva.

Cognición social, manejo emocional y empatía

La cognición social, el manejo emocional y la empatía son aspectos complejos del funcionamiento humano que pueden evolucionar a lo largo de la vida de una persona. Aunque hay algunas generalidades que se pueden mencionar, también es importante recordar que la trayectoria de estas habilidades puede variar ampliamente entre individuos debido a factores genéticos, ambientales, culturales, experiencias personales y otros factores.

En la infancia y niñez temprana los niños comienzan a desarrollar la teoría de la mente, que es la capacidad de entender que otras personas tienen creencias, deseos e intenciones que pueden ser diferentes de los propios. No obstante, esta capacidad suele ser limitada en los niños pequeños, por eso son tan egoístas, hay que ayudarles poniéndoles límites y también son fácilmente manipulables. En la adolescencia hay un aumento en la capacidad de entender y procesar información social, aunque también es un periodo en el que los pares y la pertenencia a grupos tienen una gran influencia; con la experiencia y la exposición a diversas situaciones y personas, la cognición social tiende a mejorar. Sin embargo, es posible que en la madurez se produzcan algunos declives, especialmente si hay problemas de salud subyacentes que afectan a la función cognitiva y, sobre todo, si se padece algún trastorno mental relacionado con la cognición social.

En el manejo emocional los niños pequeños a menudo

muestran sus emociones libremente y pueden tener dificultades para regularlas. La adolescencia es una fase de gran cambio emocional y es probable que haya momentos de inestabilidad, aunque también es una época en la que se desarrollan habilidades de regulación emocional y, en general, se cree que los adultos tienen mejores habilidades de regulación emocional que los jóvenes, en parte debido a la maduración del cerebro y a la experiencia de vida. La capacidad de manejar el estrés y las emociones puede continuar mejorando a medida que las personas envejecen.

Respecto a la empatía, los niños comienzan a mostrar signos de esta desde muy pequeños, aunque dicha empatía es con frecuencia básica; puede fluctuar durante la adolescencia, pero en general hay un crecimiento en la capacidad de ponerse en el lugar de los demás.

Además, pese a que la edad puede traer sabiduría y experiencia, también es fundamental la autorreflexión y el esfuerzo activo para mejorar y mantener estas habilidades a lo largo del tiempo.

Un reciente estudio apunta a que los humanos exhiben un conjunto de cambios evolutivos en la cognición social durante toda su vida, y que experimentamos cambios ontogenéticos cruciales en el procesamiento sociocognitivo, como la atención social y la teoría de la mente, y que parece que tendemos a ver la vida más positiva, o nos llaman más la atención las situaciones y mensajes positivos. No voy a analizar este hecho, que deberá ser investigado más a fondo, pero siempre he pensado que las fotos de los paquetes de tabaco deberían ser de personas saludables, con buena piel, oliendo bien... y poner: «No fuma». No es ninguna novedad que los mensajes de las cajetillas no parecen efectivos, y un cambio de perspectiva podría significar una mejora en el objetivo de esta campaña. También que los mensajes fueran más racionales, ya que, a pesar de ciertas teorías en investigaciones sobre publicidad que proponen explorar más los aspectos emocionales, basándose en concepciones como que el tiempo es limitado y en divisiones cerebrales que simplifican extremadamente la voluntad humana, el consejo tradicional para dirigirse a adultos mayores defiende que es más efectivo utilizar apelaciones objetivas y racionales en lugar de emocionales, argumentando diferencias en el procesamiento de información asociadas a la edad. La teoría de la selectividad socioemocional propone que las personas, al ver su tiempo como limitado, buscan objetivos más emocionales que cognitivos. Apoyándose en esta teoría, algunos experimentos en publicidad han sugerido que el uso de apelaciones emocionales podría ser más efectivo, cuestionando así el consejo tradicional. Un estudio reciente, específicamente en el campo de la publicidad y realizado con más de dos mil adultos de entre diecinueve y noventa años, contradice esta sugerencia y apoya el tradicional. Los resultados mostraron que, contrariamente a lo esperado y a la teoría de la selectividad socioemocional, los adultos mayores prefieren apelaciones racionales sobre las emocionales.

Respecto a la cognición social en los entornos laborales, se sigue evidenciando que el comportamiento humano no se guía únicamente por la deliberación individual racional, sino también por sesgos de decisión, preferencias sociales, y emociones, elementos clave en el desempeño laboral y procesos organizativos. Las preferencias sociales pueden desencadenar diversas emociones que, a su vez, influencian en el comportamiento en el entorno laboral. Las emociones desencadenadas por situaciones como la pérdida de estatus o la falta de cooperación pueden variar desde ira y disgusto hasta felicidad, culpa y tristeza, dependiendo del contexto y de las expectativas previas. Además, eventos que afectan a miembros destacados de un grupo pueden despertar emociones en los demás miembros como si les hubieran ocurrido directamente a ellos, por procesos básicos de empatía y teoría de la mente. Y como sabemos también, en el entorno laboral podemos sufrir *mobbing*, que es lo mismo que el *bullying* pero entre adultos. Entiendo que las personas que lo hacen no han llegado a una buena madurez cerebral, tanto si se dan cuenta como si no. Es como sufrir un ataque directo frente a la inseguridad del otro. Aunque desde mi punto de vista, un abusón de treinta y cinco años tiene bastante más delito que uno de doce.

Mapas generalizados e ideas que se cruzan

Una de las opciones que más me gustan de la mediana edad es la idea de un mapa generalizado. Por mucho que haya estudiado en mi juventud algunas claves personales y vitales, las he obtenido a partir de los cuarenta. He aprendido a ser más tolerante con muchas cosas y nada en otras. Sabiendo que lo soy, además. A conciencia.

Una sucesión de claridades y aspectos generales y abstractos para aprender de manera efectiva puede ser la mejor opción de un manual de instrucciones.

Ya hemos visto que las gnosias no entran en declive, y hasta que no se demuestre lo contrario el mapeo de asociaciones entre sentidos y cognición puede ser redundante y beneficioso. Podemos esperar que las profesiones donde los sentidos juegan un importante papel sean más efectivas con la experiencia, aunque falle la velocidad y la capacidad relacionada con la atención.

Las praxias tampoco parece que revelen un gran deterioro o declive: me puede costar enhebrar una aguja más que antes porque no veo, o porque tengo un leve temblor, pero no porque mi praxia sea peor. Lo que sí que es revelador es que aprender una praxia compleja en la mediana edad no puede resultar tan eficaz como cuando eres joven. Si a los cincuenta quieres aprender a tocar la batería, ¡olé tú! Buena estimulación cognitiva.

Respecto a la memoria, es fundamental conocer cuántos *slots* o fragmentos de memoria uno puede procesar adecuadamente. Esto se relaciona con el límite central de memoria de trabajo que se mencionó con anterioridad (generalmente entre tres y cinco fragmentos). Al entender nuestras propias capacidades, podemos estructurar la información de una manera que se adapte a nuestras habilidades naturales.

Adoptar estrategias personalizadas también puede ser beneficioso: no todos los métodos funcionan igual para todas las personas. Algunos pueden beneficiarse del uso de mnemotecnias, mientras que otros pueden preferir la repetición o asociación con imágenes y sonidos. Experimenta con diferentes técnicas y encuentra la que te resulte más efectiva. La habilidad de asociar información nueva con conceptos ya conocidos puede ser increíblemente útil. Estas asociaciones facilitan la retención y recuperación de la información. Por ejemplo, si estamos tratando de recordar un término complicado, podemos asociarlo con una palabra o imagen familiar. La repetición espaciada, que implica revisar la información a intervalos cada vez más largos, ha demostrado ser una técnica efectiva para la retención a largo plazo. Y, como hemos visto, con valor o sentido se aprenderá mejor.

En resumen, la mejora en las funciones cognitivas no consiste solo en «entrenar más duro», sino en «entrenar más inteligentemente», adaptando las estrategias a nuestras capacidades y necesidades individuales. Volvemos a que el café no es bueno para todos... Esto es especialmente cierto en áreas como el aprendizaje, la memoria y la mejora cognitiva. Por eso es fundamental que cada individuo explore, experimente y encuentre su propia mezcla de técnicas y estrategias que mejor se adapten a sus necesidades y capacidades.

Mi propio mapa me ha llevado a mejorar mis condiciones de trabajo. Mantener un ambiente laboral propicio, libre de distracciones y adecuado a mis necesidades personales influye de forma significativa en la eficiencia. El teletrabajo también implica, como hemos sabido recientemente, una habilidad que hay que aprender y a la que no estábamos acostumbrados.

Combinar diferentes técnicas de atención, hacer mapas mentales para estructuras, parar el tiempo, descansar y pasear un poco, y todo lo que hemos apuntado para la atención hará que tengamos mejores jornadas laborales.

Respecto al lenguaje, cada vez tiendo a economizar más, por eso hago un esfuerzo por acotar bien las cosas y no seguir directamente mi pensamiento, y con lo de tener algo en la punta de la lengua, siempre me digo: «Ya vendrá», y viene, no siempre, pero normalmente sí. Se queda ahí, en la memoria volátil, o en *stand-by*, y de repente, ¡chas!

Cuando no me acuerdo de alguna cosa cotidiana lo más probable es que no le haya prestado atención. Y cuando estoy muy convencida de algo (y esto me da más pereza), lo que hago es buscar y oír a alguien que piense lo contrario. No funciona la mayoría de las veces.

Me he apuntado a un curso de infografías, aunque solo sea para la lista de la compra; me resulta atractivo, pero aún no me he puesto. Hoy he leído un tuit que decía: «De joven me fui a Nueva York yo solita tres meses con lo puesto y ayer, por no cambiar de línea de metro e ir a un evento, me quedé en casa».

Me ha parecido muy familiar.

Tengo que mejorar el control del tiempo, y cada vez odio más los *reels* y las redes sociales por absorber el tiempo de esa manera. Tengo que pensar en cómo mejorar eso. Mi hijo está muy preocupado y quiere que investiguemos cómo mejorar esa dependencia. Dice que va a ser un enorme problema en unos años. Seguramente tenga razón.

La doble tarea, intentar mantener dos procesos mentales a la vez, puede ser agotador. Si es posible, es útil priorizar y abordar una única tarea. Sin embargo, si esto no es posible, la práctica y la formación pueden mejorar la habilidad para manejar varias al mismo tiempo. Como hablamos con el ejemplo del camarero del bar, una ayuda es mejor que seguir manteniendo un estrés atencional.

La conciencia de la atención consiste en reconocer cuándo uno se está dispersando o cuándo la atención disminuye; se trata de un paso crucial. Ser consciente de estas desviaciones permite implementar estrategias para regresar al foco.

Procuro hacer descansos programados, especialmente cuando trabajo intensamente. Estos descansos no solo me ayudan a mantener la atención, sino que también mejoro la eficiencia y la calidad del trabajo.

Intento controlar la calidad del sueño, los niveles hormonales y ser consciente de estos factores y, cuando sea posible, tratar de mitigar su impacto.

El estrés, especialmente el relacionado con problemas familiares o emocionales, puede ser una gran distracción.

5

Posibles actuaciones prácticas

La mediana edad es una fase crucial en la vida de una persona y puede ser una etapa de gran crecimiento y desarrollo. Es un periodo de reevaluación y redefinición que, con frecuencia, lleva a una introspección, donde las personas pueden reevaluar sus prioridades y redefinir sus metas. Los hijos crecen y los padres envejecen, por lo que nos hacemos doblemente cuidadores. Esto puede ser una oportunidad para hacer cambios significativos, perseguir nuevas pasiones o rectificar caminos anteriores. Contrariamente a la idea de que la juventud es el pico de nuestras capacidades, muchas habilidades y competencias, cabe señalar que en realidad florecen durante la mediana edad. La sabiduría, la paciencia, la empatía y las habilidades de resolución de problemas a menudo se fortalecen con la experiencia. La mediana edad es un buen momento para adoptar o fortalecer hábitos saludables. Con la madurez emocional que viene con la edad, las relaciones pueden volverse más profundas y significativas. La conexión con familiares, amigos y la comunidad puede ser una fuente importante de apoyo y satisfacción. Cuando alguien se divorcia, no es casualidad que salga mucho más de lo habitual. No tiene por qué ser para buscar una nueva pareja, sino para hallar apoyo social.

Si disponemos de flexibilidad y adaptación, las habilidades adquiridas a lo largo de los años permitirán una mayor adaptabilidad, ya sea una crisis de la mediana edad o cambios en el trabajo o en la dinámica familiar. La mediana edad puede ser un excelente momento para aprender nuevas habilidades, retomar estudios o sumergirse en nuevos hobbies. Este periodo vital a menudo brinda oportunidades para actuar como mentor, guiar a las generaciones más jóvenes y comenzar a pensar en el tipo de legado que uno quiere dejar, y puede surgir un deseo renovado de encontrar un propósito y significado más allá de uno mismo, ya sea a través de las nuevas experiencias, el voluntariado o la acción social, el activismo en aquello que valoramos, la creación artística o las relaciones.

Además, la flexibilidad cognitiva puede ser entrenada. Terapias como la terapia cognitivo-conductual de las que hemos hablado antes pueden ayudar a las personas a desarrollar un pensamiento más flexible. Además, ciertas intervenciones y ejercicios pueden fomentar el desarrollo y la mejora de esta habilidad. Dada la rapidez con la que cambia el mundo actual, la flexibilidad cognitiva es esencial para abordar y resolver desafíos globales. Es una habilidad que debe ser fomentada y valorada.

En conclusión, la mediana edad, lejos de ser un «descenso», puede ser una etapa de empoderamiento, renovación y crecimiento profundo. Reconocer y aprovechar las oportunidades de esta fase de la vida puede llevar a una existencia más rica y satisfactoria.

En la vida laboral ya somos trabajadores sénior, pero todos seguimos trabajando; esta es la clave de nuestra vida, nos da de comer, nos impulsa y, además, si no estamos a gusto en nuestro empleo, nuestra vida se deteriora en gran medida, ya que pasamos muchas horas en él. Llegar a los cincuenta y pensar en jubilarse es un objetivo a largo plazo que mejor no sea el único. De hecho, te quedan tantos años de curro como el tiempo que ha pasado desde que tenías treinta y cinco, que igual ni te acuerdas. Así que lo mejor es que la jubilación no sea tu único objetivo.

Teniendo en cuenta que aún nos queda mucho trabajo por delante, podemos hablar sobre cómo los empleadores y nosotros mismos podemos adaptarnos al lugar de trabajo con el fin de cuidar la salud cerebral y cómo podemos reclamar nosotros mismos las mejoras en este aspecto.

Imaginemos un mundo laboral donde la experiencia no solo se valora, sino que se canaliza hacia la construcción de un puente entre generaciones. En este universo laboral ficticio, existe un programa especial llamado «Mentores». Cuando los trabajadores alcanzan la edad de sesenta años, en vez de jubilarse de inmediato o comenzar a planificarlo, entran en una fase especial de su carrera: la etapa de mentoría. Esta fase dura hasta los sesenta y cinco años y tiene un objetivo específico: transmitir conocimientos, habilidades y sabiduría acumulada a las generaciones más jóvenes del mundo laboral. Al alcanzar los sesenta años, los empleados son reconocidos y celebrados por su empresa y colegas. Se les otorga el título de Mentor Sénior. Se les brinda una formación especializada para ser preceptores, en la cual aprenden técnicas pedagógicas, habilidades de comunicación y metodologías para transmitir conocimientos. Se les asigna a jóvenes profesionales o a aquellos que son recién llegados. Esta pareja trabajará junta durante un periodo, permitiendo una transmisión directa de habilidades y conocimientos. Considerando la edad de los mentores, se les otorga flexibilidad laboral, permitiéndoles equilibrar su vida personal, profesional y su salud. Aunque están en una fase de transición hacia la jubilación, reciben una compensación adecuada por su rol vital en la formación de la nueva generación. Así, se conserva y transmite el conocimiento valioso que, de otra manera, podría perderse. Los jóvenes reciben una formación práctica y personalizada, fortaleciendo su preparación y adaptación al mundo laboral. Los mentores tienen la oportunidad de dejar un legado, sentirse valorados y contribuir activamente a la formación de las nuevas generaciones. Esto no es nuevo, he conocido algunas iniciativas similares, en el ámbito del emprendimiento y la dirección; quizá el voluntariado no funciona, o los mentores no se habían formado en pedagogía.

Otro aspecto para revisar son los espacios de concentración en el mundo laboral. En una realidad paralela, las empresas del futuro han reconocido un hecho esencial: no todos los trabajadores funcionan de la misma manera en entornos abiertos y diáfanos. Lo que para algunos puede ser un oasis de interacción y colaboración, para otros puede resultar un campo minado de distracciones y tensiones. De este reconocimiento nace un concepto revolucionario: los espacios de concentración. Cada trabajador tiene ritmos y necesidades distintas. Dependiendo del tipo de tarea y de las características individuales, es esencial contar con un espacio adaptado que fomente la productividad y el bienestar. Su funcionamiento sería el siguiente: al empezar a trabajar en una empresa, cada trabajador es evaluado en cuanto a sus preferencias, ritmos y tipos de tarea. ¿Necesitan largos periodos de concentración sin interrupciones, o intervalos cortos con pausas frecuentes? Las oficinas se componen de módulos flexibles que se pueden reconfigurar según las necesidades. Existen áreas diáfanas para quienes prosperan en ambientes abiertos, pero también «cápsulas de concentración» para aquellos que requieren aislamiento. Si un empleado sabe que necesita unas horas o incluso días de profunda concentración, puede reservar una de estas cápsulas para ese periodo. Las cápsulas de concentración están equipadas con todo lo necesario para trabajar cómodamente: luz adecuada, temperatura controlada, aislamiento acústico y ergonomía. Cuando un trabajador está en su habitáculo, se respeta su espacio y tiempo. Las interrupciones externas se reducen al mínimo, y se entiende que ese es un momento sagrado de concentración. Los beneficios para la empresa son mayor productividad y eficiencia. Los empleados pueden realizar sus tareas de manera óptima, reduciendo el tiempo perdido y los errores. Para ellos, las ventajas son bienestar emocional y mental, reducción del estrés y mayor satisfacción en su trabajo. En los equipos se fomenta la comprensión y el respeto mutuo, reconociendo que cada individuo tiene su propio método y ritmo de trabajo. En este mundo ficticio, la arquitectura y el diseño de oficinas han evolucionado para adaptarse al ser humano y no al revés.

Otra estrategia está basada en los equipos cognitivamente diversos. Las empresas que lo aplican priorizan así la diversidad cognitiva por encima de todo. Esta estrategia revolucionaria, respaldada por una evaluación asistida, consiste en formar equipos donde cada miembro aporta una habilidad cognitiva única, creando así un grupo dinámico y altamente eficiente. Antes de formar grupos, cada empleado pasa por una serie de evaluaciones para identificar sus fortalezas y tendencias cognitivas. En función de los resultados, se forman equipos que combinan diversas capacidades cognitivas, y cada miembro es seleccionado específicamente para aportar un aspecto crucial al grupo.

La composición ideal de un equipo cognitivamente diverso estaría formada por:

- El impulsor: con una tendencia a actuar rápidamente y tomar decisiones, este miembro aporta dinamismo al equipo. Su impulso constante asegura que el equipo no se estanque y siempre esté avanzando.
- El visionario: posee la capacidad de ver el panorama general y anticipar el futuro. Su mente abstracta y analítica es fundamental para establecer objetivos a largo plazo y trazar la ruta para alcanzarlos.
- El detallista: obsesionado con la precisión, este miembro del equipo garantiza que no se pase por alto ningún detalle. Su meticulosidad es esencial para garantizar que se cumplan los plazos y se mantenga el estándar de calidad.
- El mediador: dotado de habilidades sociales y empatía, es capaz de comprender las diferentes perspectivas dentro del equipo. Este miembro es muy importante para garantizar la cohesión del grupo, mediando en conflictos y asegurando que todos estén alineados.

Los beneficios son: mayor creatividad al combinar diferentes formas de pensar; los equipos pueden generar ideas más innovadoras y soluciones más variadas; más eficiencia, ya que cada miembro, al especializarse en una función específica, asegura que todas las áreas cruciales del trabajo en equipo estén cubiertas; más cohesión y sinergia, pues la complementariedad de habilidades y tendencias cognitivas permite que el equipo funcione como una unidad armoniosa.

En este mundo ficticio, las empresas que adoptan la diversidad cognitiva como piedra angular de su estrategia no solo prosperan, sino que revolucionan la forma en que entendemos el trabajo en equipo. Al reconocer y valorar las diferencias individuales, se crea un ambiente en el que cada miembro del equipo puede brillar, llevando a toda la organización hacia el éxito.

Algunas claves de la madurez cerebral

PODEMOS RESUMIR QUE:

1. No existe relación clara entre personalidad y capacidad cognitiva, y la mayoría de las relaciones capacidad-personalidad siguen sin establecerse.

2. La madurez exitosa no es universal, no se trata simplemente de evitar enfermedades o discapacidades, sino de abordar de manera integral la salud, el bienestar, las relaciones, la actividad y el compromiso con la vida.

3. Es posible desafiar y cambiar las narrativas negativas sobre la madurez y el envejecimiento, y promover una visión más positiva y enriquecedora de esta etapa de la vida.

4. Además de mantener la función cognitiva, es crucial considerar la salud mental. El estrés es malo y la ansiedad también.

5. La capacidad de seguir aprendiendo y mantener la curiosidad es el aspecto que más se ha relacionado con la inteligencia.

6. Mantener la independencia y la capacidad de tomar decisiones sobre la propia vida es otro componente importante: cuando una persona puede hacer, cuando tenemos capacidad de hacer, directamente nos deprimimos menos.

7. La capacidad de enfrentar y superar desafíos, y de adaptarse y crecer a partir de ellos, es una parte integral del éxito. Esta resiliencia puede construirse y cultivarse a lo largo de la vida.

Se ha sugerido que un nuevo factor protector de deterioro cognitivo es el propósito en la vida (PiL, *Propouse in Life*), una tendencia similar a un rasgo para derivar significados y propósitos. Un mayor PiL está asociado con un menor deterioro cognitivo percibido, y se ha sugerido que este indicador es un predictor sólido del declive cognitivo, también en la mediana edad.

Se reporta que los pasatiempos creativos, como hacer manualidades, tejer y pintar, reducen el riesgo de declive en un 7 por ciento, pero no necesariamente en tareas novedosas. Reaprender lo que siempre hemos hecho no solo da otro punto de vista, sino que también funciona como estimulación.

Reconocer y respetar la individualidad, y adaptar los métodos y enfoques a las particularidades de cada persona en lugar de buscar soluciones únicas y universales, es un signo de sabiduría. O de función ejecutiva.

Especialistas en diferentes ámbitos apuestan por la formación y las alianzas público-privadas para atender las necesidades de los colectivos sénior frente a las nuevas tecnologías. Desde 2017 el número de sénior digitales se ha duplicado.

Epílogo

Reflexiones sobre el edadismo en la era *silver*

En un mundo que ha avanzado hacia una sociedad *silver*, en la que la longevidad y el envejecimiento saludable son pilares fundamentales, aún persisten las sombras del edadismo. Este prejuicio, que a menudo se manifiesta como una aversión o discriminación hacia las personas mayores, se contrapone de manera contradictoria a la misma esencia de una sociedad que aprecia la salud y los cuidados. La contradicción radica en la paradoja de una sociedad que, por un lado, valora la longevidad y, por otro, denigra las señales visibles del proceso natural del envejecimiento.

El culto moderno a la juventud ha llevado a la sociedad a ensalzar no solo la belleza y la vitalidad física, sino también la agudeza y el ingenio intelectual de los jóvenes. Sin embargo, se olvida que cada etapa de la vida trae consigo sus propias fortalezas.

El rechazo hacia el envejecimiento es un rechazo hacia uno mismo. Porque, salvo que la vida se interrumpa prematuramente, todos envejeceremos. Denigrar o menospreciar a alguien por su edad es, en esencia, mirar hacia el futuro y ridiculizarnos a nosotros mismos. Es una negación del ciclo natural de la vida y una resistencia al inevitable paso del tiempo. Cuando respetas a una persona mayor, no lo haces porque podrías ser tú ni un familiar, igual que sucede con los mensajes de protección a las mujeres, «porque podrían ser tus hijas». No, el mensaje es que eres tú, y podrías ser tú y solo esa situación es la que te genera empatía.

Cuando el 40 por ciento de las personas mantenga al 60 por ciento, deberemos cambiar las políticas fiscales, de modo que se modifiquen la recaudación de los impuestos directos y la repartición de la riqueza, además de las políticas migratorias.

Es hora de que esta sociedad ficticia se mire al espejo y reflexione sobre sus incoherencias. Porque denostar el envejecimiento cuando el punto de mira se sitúa en la longevidad es, en última instancia, una contradicción que no puede sostenerse.

La paradoja del conocimiento y la aplicabilidad en el siglo XXI

Con frecuencia escuchamos que solo conocemos una pequeña fracción del cerebro o que los coches autónomos no son completamente infalibles. Ambas afirmaciones son verdaderas en cierta medida. Sin embargo, se comete un error cuando se subestima el conocimiento que ya poseemos y se ignora su aplicabilidad potencial. Tomemos, por ejemplo, el cerebro. Es cierto que el cerebro es uno de los órganos más complejos y todavía guarda muchos misterios. Pero decir que solo conocemos un 20 por ciento y que, por tanto, no hay que hacer nada con la excusa de que no se conoce suficiente supone simplificar y menospreciar el vasto cuerpo de investigación y entendimiento que ya hemos alcanzado. Y este conocimiento no es trivial. Nos ha permitido avanzar en áreas como la neurociencia, la psicología, la medicina y muchas otras disciplinas. No aplicar lo que ya sabemos sobre el cerebro en campos como la educación, la salud mental o la rehabilitación es un desperdicio.

Tampoco es cierto que usemos solo el 10 por ciento del cerebro; bueno, algunos igual sí, pero otros vamos justos. Los neuromitos son tan dañinos como las *fakes*, los sesgos o la falta de entendimiento e inciden en la valoración de los datos para crear políticas efectivas.

Es un argumento similar con los coches autónomos, la inteligencia artificial, los robots y otros muchos avances. Si bien es cierto que la tecnología no es perfecta y puede tener fallos, también es verdad que los vehículos autónomos tienen el potencial de reducir drásticamente el número de accidentes causados por errores humanos. ¿Deberíamos descartar una tecnología que podría salvar miles de vidas solo porque tiene un pequeño porcentaje de fallo? Aquí es donde la estadística y la ética chocan. Por un lado, los números pueden mostrar que la adopción de coches autónomos podría causar menos muertes en las carreteras, pero, por otro, cualquier fallo de un coche autónomo se verá como un fallo de la tecnología en su totalidad, y esto tendría implicaciones éticas y legales.

Lo que estos ejemplos ponen de manifiesto es una gran carencia del siglo XXI: la falta de aplicabilidad. Vivimos en una era de avances tecnológicos y científicos sin precedentes. Sin embargo, a menudo nos encontramos paralizados, incapaces de aplicar lo que ya sabemos debido a barreras tanto reales como percibidas.

Esta falta de aplicabilidad no solo se debe a la aversión al riesgo, sino también a la falta de visión a largo plazo y a una resistencia cultural e institucional al cambio. En este nuevo siglo, no basta con adquirir conocimiento; es necesario tener la valentía y la visión para aplicarlo de manera efectiva y ética.

Con esta perspectiva, exploramos las particularidades cognitivas de la mediana edad y cómo estos cambios pueden manifestarse en nuestras funciones diarias y evitar la tan temida demencia. ¿Seguiremos esperando a que las cosas cambien por sí solas?

Respecto a todo lo que hace nuestro cerebro, ya hemos visto la intensidad y precisión de las que es capaz en un único día. Sé muy paciente y comprensivo con algunos de estos detalles en personas con daño cerebral, discapacidad, problemas neurológicos o demencias. Quizá te haga ver que alguien de tu entorno ya no silba, no le gustan los espacios con gente porque las caras se le hacen amorfas, no sabe pelarse una fruta o no articula adecuadamente ni construye frases complejas como antes. No es que sea vago, ni que no tenga ganas de hacerlo. Vestirse, como hemos visto, es una habilidad compleja que puede ser un auténtico suplicio para una persona con problemas neuropsicológicos. Y lo peor es que el afectado seguramente no te pueda hacer una lista de lo que ya no puede hacer. No se trata de que se le haya olvidado leer o escribir, no es que no recuerde lo que es un tenedor, es que su cerebro no lo ve. Sé paciente, presta atención y, sobre todo, valora lo que puede y no puede hacer muy bien, porque hasta el simple mirar a los ojos de la otra persona y comunicar su desazón depende de las funciones cerebrales.

¿He respondido a tus preguntas? ¿Has creado otras nuevas? Yo sí, ahora tengo muchas más preguntas que cuando empecé a escribir el libro. Ya las resolveremos.

Agradecimientos

Doy las gracias a la editorial y a Yolanda por la oportunidad de hacer una reflexión sobre este tema.

Agradezco su trabajo y luz a los neuropsicólogos que más admiro: Brenda Milner, Muriel Lezak, Alfredo Ardila, Feegy Ostrosky, Raúl Espert y Javier Tirapu.

Me gusta nuestra cultura y el aprovechamiento social que nos permite enriquecernos cognitivamente. Es un poco raro, pero agradezco las horas de sol de las que podemos disfrutar.

Gracias, Loles, por tus dibujos.

Gracias a los lectores previos de este manual: Iñigo, Raquel y Raúl.

Bibliografía

Amso, D. & Scerif, G. (2015). «The attentive brain: Insights from developmental cognitive neuroscience». *Nature Reviews Neuroscience*, 16(10), Article 10. <https://doi.org/10.1038/nrn4025>.

Aparicio, D. (13 de diciembre de 2022). «La sabiduría no viene con los años». *Psyciencia.* <https://www.psyciencia.com/la-sabiduria-no-viene-con-los-anos/>.

Ardelt, M. (2000). «Antecedents and Effects of Wisdom in Old Age». *Research on Aging*, 22. <https://doi.org/10.1177/0164027500224003>.

Ardelt, M. & Gerlach, K. (2018). «Early and Midlife Predictors of Wisdom and Subjective Well-Being in Old Age». *Journals of Gerontology Series B-Psychological Sciences and Social Sciences*, 73(8), 1514-1525. <https://doi.org/10.1093/GERONB/GBY017>.

Armstrong, N. M., Bangen, K. J., Au, R. & Gross, A. L. (2019). «Associations Between Midlife (but Not Late-

Life) Elevated Coronary Heart Disease Risk and Lower Cognitive Performance: Results From the Framingham Offspring Study». *American Journal of Epidemiology*, 188(12), 2175-2187. <https://doi.org/10.1093/aje/kwz210>.

Arslan, B. (2023). *Understanding gesture-speech interaction through the lens of gestures' self-oriented functions: Gesture production and speech disfluency.* <https://www.researchgate.net/publication/372689665_Understanding_gesture-speech_interaction_through_the_lens_of_gestures'_self-oriented_functions_Gesture_production_and_speech_disfluency>.

Arslan, B. & Goksun, T. (2022). «Aging, Gesture Production, and Disfluency in Speech: A Comparison of Younger and Older Adults». *Cognitive Science A Multidisciplinary Journal*, 46. <https://doi.org/10.1111/cogs.13098>.

AuBuchon, A. M. & Wagner, R. L. (2023). «Self-generated strategies in the phonological similarity effect». *Memory & Cognition*. <https://doi.org/10.3758/s13421-023-01418-2>.

Bagarinao, E., Watanabe, H., Maesawa, S., Mori, D., Hara, K., Kawabata, K., Yoneyama, N., Ohdake, R., Imai, K., Masuda, M., Yokoi, T., Ogura, A., Taoka, T., Koyama, S., Tanabe, H. C., Katsuno, M., Wakabayashi, T., Kuzuya, M., Ozaki, N., Sobue, G. (2019). «Reorganization of brain networks and its association with general cognitive performance over the adult lifespan». *Scientific Reports*, 9(1), Article 1. <https://doi.org/10.1038/s41598-019-47922-x>.

Bailey, P. E., Brady, B., Ebner, N. C. & Ruffman, T. (2018). «Effects of Age on Emotion Regulation, Emotional Empathy, and Prosocial Behavior». *The Journals of Gerontology: Series B*. <https://doi.org/10.1093/geronb/gby084>.

Baltes, P. B. & Kunzmann, U. (2004). «The Two Faces of Wisdom: Wisdom as a General Theory of Knowledge and Judgment about Excellence in Mind and Virtue vs. Wisdom as Everyday Realization in People and Products». *Human Development*, 47(5), 290-299. <https://doi.org/10.1159/000079156>.

Baltes, P. B. & Staudinger, U. M. (2000). «Wisdom: A metaheuristic (pragmatic) to orchestrate mind and virtue toward excellence». *American Psychologist*, 55(1), 122-136. <https://doi.org/10.1037/0003-066X.55.1.122>.

Bangee, M., Harris, R. A., Bridges, N., Rotenberg, K. J. & Qualter, P. (2014). «Loneliness and attention to social threat in young adults: Findings from an eye tracker study». *Personality and Individual Differences*, 63, 16-23. <https://doi.org/10.1016/j.paid.2014.01.039>.

Baricco, A. *Tierras de cristal*. Anagrama, Barcelona, 2011.

Baron-Cohen, S., Wheelwright, S., Hill, J., Raste, Y. & Plumb, I. (2001). «The "Reading the Mind in the Eyes" Test Revised Version: A Study with Normal Adults, and Adults with Asperger Syndrome or High-functioning Autism». *Journal of Child Psychology and Psychia-*

try, 42(2), 241-251. <https://doi.org/10.1111/1469-7610.00715>.

Barrouillet, P. & Camos, V. (2012). «As Time Goes By: Temporal Constraints in Working Memory». *Current Directions in Psychological Science*, 21(6), 413-419. <https://doi.org/10.1177/0963721412459513>.

Beadle, J. N. & De la Vega, C. E. (2019). «Impact of Aging on Empathy: Review of Psychological and Neural Mechanisms». *Frontiers in Psychiatry*, 10, 331. <https://doi.org/10.3389/fpsyt.2019.00331>.

Beckmann, J. & Heckhausen, H. (2008). «Motivation as a Function of Expectancy and Incentive». In H. Heckhausen & J. Heckhausen (Eds.), *Motivation and Action* (2nd ed., pp. 99-136). Cambridge University Press. <https://doi.org/10.1017/CBO9780511499821.006>.

Beier, E. J., Chantavarin, S. & Ferreira, F. (2023). «Do disfluencies increase with age? Evidence from a sequential corpus study of disfluencies». *Psychology and Aging*, 38(3), 203-218. <https://doi.org/10.1037/pag0000741>.

Bengtsson, S. L., Lau, H. C. & Passingham, R. E. (2009). «Motivation to do Well Enhances Responses to Errors and Self-Monitoring». *Cerebral Cortex*, 19(4), 797-804. <https://doi.org/10.1093/cercor/bhn127>.

Bergman, I. & Almkvist, O. (2013). «The effect of age on fluid intelligence is fully mediated by physical health». *Archives of Gerontology and Geriatrics*, 57(1), 100-109. <https://doi.org/10.1016/j.archger.2013.02.010>.

Bonfanti, L., La Rosa, C., Ghibaudi, M. & Sherwood, C. C. (2023). «Adult neurogenesis and "immature" neurons in mammals: An evolutionary trade-off in plasticity?». *Brain Structure and Function.* <https://doi.org/10.1007/s00429-023-02717-9>.

Boo, Y. Y., Jutila, O.-E., Cupp, M. A., Manikam, L. & Cho, S.-I. (2021). «The identification of established modifiable mid-life risk factors for cardiovascular disease which contribute to cognitive decline: Korean Longitudinal Study of Aging (KLoSA)». *Aging Clinical and Experimental Research*, 33(9), 2573-2586. <https://doi.org/10.1007/s40520-020-01783-x>.

Borges, J. L. *Ficciones.* Alianza, Madrid, 1944.

Boshuizen, H. P. A. & Schmidt, H. G. (1992). «On the Role of Biomedical Knowledge in Clinical Reasoning by Experts, Intermediates and Novices». *Cognitive Science*, 16(2), 153-184. <https://doi.org/10.1207/s15516709cog1602_1>.

Braidot, N. *Cómo funciona tu cerebro. Para Dummies.* CEAC, Barcelona, 2013.

Brudek, P. & Sekowski, M. (2021). «Wisdom as the Mediator in the Relationships Between Meaning in Life and Attitude Toward Death». *Omega*, 83(1), 3-32. <https://doi.org/10.1177/0030222819837778>.

Brysbaert, M., Stevens, M., Mandera, P. & Keuleers, E. (2016). «How Many Words Do We Know? Practical Estimates of Vocabulary Size Dependent on Word Definition, the Degree of Language Input and the

Participant's Age». *Frontiers inPsychology*, 7. <https://www.frontiersin.org/articles/10.3389/fpsyg.2016.01116>.

Buckner, R. L. (s.f.). *In Aging and AD: Multiple Factors that Cause Decline and Reserve Factors that Compensate.*

Burgess, N. (2008). «Spatial Cognition and the Brain». *Annals of the New York Academy of Sciences*, 1124(1), 77-97. <https://doi.org/10.1196/annals.1440.002>.

Burgoyne, A. P., Mashburn, C. A., Tsukahara, J. S. & Engle, R. W. (2022). «Attention control and process overlap theory: Searching for cognitive processes underpinning the positive manifold». *Intelligence*, 91, 101629. <https://doi.org/10.1016/j.intell.2022.101629>.

Burke, D. M., MacKay, D. G., Worthley, J. S. & Wade, E. (1991). «On the tip of the tongue: What causes word finding failures in young and older adults?». *Journal of Memory and Language*, 30(5), 542-579. <https://doi.org/10.1016/0749-596X(91)90026-G>.

Caddick, Z. A., Fraundorf, S. H., Rottman, B. M. & Nokes-Malach, T. J. (2023a). «Cognitive perspectives on maintaining physicians' medical expertise: II. Acquiring, maintaining, and updating cognitive skills». *Cognitive Research: Principles and Implications*, 8(1), 47. <https://doi.org/10.1186/s41235-023-00497-8>.

Caddick, Z. A., Fraundorf, S. H., Rottman, B. M. & Nokes-Malach, T. J. (2023b). «Cognitive perspectives on maintaining physicians' medical expertise: II. Acquiring, maintaining, and updating cognitive skills». *Cognitive*

Research: Principles and Implications, 8(1), 47. <https://doi.org/10.1186/s41235-023-00497-8>.

Carpenter, C. M. & Dennis, N. A. (2023). «Does unitization really function like items? The role of interference on item and associative memory processes». *Memory & Cognition*, 51(5), 1159-1169. <https://doi.org/10.3758/s13421-022-01389-w>.

Casado Verdejo, I. & Bárcena Calvo, C. (2017). «Memoria cotidiana: Dimensiones y pautas de declive en adultos sanos. / Everyday memory: Dimensions and patterns of decline in healthy adults». *Psychology, Society & Education*, 9(3), 405-418. <https://doi.org/10.25115/psye.v9i3.862>.

Castel, A. D. (2005). «Memory for grocery prices in younger and older adults: The role of schematic support». *Psychology and Aging*, 20(4), 718-721. <https://doi.org/10.1037/0882-7974.20.4.718>.

Castel, A. D. (2007). «The Adaptive and Strategic Use of Memory By Older Adults: Evaluative Processing and Value-Directed Remembering». En A. S. Benjamin & B. H. Ross (Eds.), *Psychology of Learning and Motivation* (Vol. 48, pp. 225-270). Academic Press. <https://doi.org/10.1016/S0079-7421(07)48006-9>.

Castel, A. D., Farb, N. A. S. & Craik, F. I. M. (2007). «Memory for general and specific value information in younger and older adults: Measuring the limits of strategic control». *Memory & Cognition*, 35(4), 689-700. <https://doi.org/10.3758/BF03193307>.

Castel, A. D., McGillivray, S. & Worden, K. M. (2013). «Back to the future: Past and future era-based schematic support and associative memory for prices in younger and older adults». *Psychology and Aging*, 28(4), 996-1003. <https://doi.org/10.1037/a0034160>.

Cesario, J., Johnson, D. J. & Eisthen, H. L. (2020). «Your Brain Is Not an Onion With a Tiny Reptile Inside». *Current Directions in Psychological Science*. <https://doi.org/10.1177/0963721420917687>.

Chi, M. T. H., Feltovich, P. J. & Glaser, R. (1981). «Categorization and Representation of Physics Problems by Experts and Novices*». *Cognitive Science*, 5(2), 121-152. <https://doi.org/10.1207/s15516709cog0502_2>.

Chiang, T. *La historia de tu vida*. Alamut Ediciones, Madrid, 2019.

Chiong, W. (2020). *Wisdom and Fluid Intelligence in Older Adults*. <https://doi.org/10.17605/OSF.IO/EFJNR>.

Choudhry, N. K., Fletcher, R. H. & Soumerai, S. B. (2005). «Systematic Review: The Relationship between Clinical Experience and Quality of Health Care». *Annals of Internal Medicine*, 142(4), 260-273. <https://doi.org/10.7326/0003-4819-142-4-200502150-00008>.

Clarys, D., Bugaiska, A., Tapia, G. & Baudouin, A. (2009). «Ageing, remembering, and executive function». *Memory*, 17. <https://doi.org/10.1080/09658210802188301>.

Clayton, V. (1983). «Wisdom and Intelligence: The Nature and Function of Knowledge in the Later Years». *International Journal of Aging & Human Develop-*

ment, 15(4), 315-321. <https://doi.org/10.2190/17TQ-BW3Y-P8J4-TG40>.

Climent Martínez, G., Luna Lario, P., Bombín González, I., Cifuentes Rodríguez, A., Tirapu Ustárroz, J. & Díaz Orueta, U. (2014). «Evaluación neuropsicológica de las funciones ejecutivas mediante realidad virtual». *Revista de Neurología*, 58(10), 465. <https://doi.org/10.33588/rn.5810.2013487>.

Coderre, S., Mandin, H., Harasym, P. H. & Fick, G. H. (2003). «Diagnostic reasoning strategies and diagnostic success». *Medical Education*, 37(8), 695-703. <https://doi.org/10.1046/j.1365-2923.2003.01577.x>.

Cole, J. H., Marioni, R. E., Harris, S. E. & Deary, I. J. (2019). «Brain age and other bodily «ages»: Implications for neuropsychiatry». *Molecular Psychiatry*, 24(2), 266-281. <https://doi.org/10.1038/s41380-018-0098-1>.

Collins, A. M. & Quillian, M. R. (1970). «Does category size affect categorization time?». *Journal of Verbal Learning and Verbal Behavior*, 9(4), 432-438. <https://doi.org/10.1016/S0022-5371(70)80084-6>.

Corbo, I., Marselli, G., Di Ciero, V. & Casagrande, M. (2023a). «The Protective Role of Cognitive Reserve in Mild Cognitive Impairment: A Systematic Review». *Journal of Clinical Medicine*, 12(5), 1759. <https://doi.org/10.3390/jcm12051759>.

Corbo, I., Marselli, G., Di Ciero, V. & Casagrande, M. (2023b). «The Protective Role of Cognitive Reserve in Mild Cognitive Impairment: A Systematic Review».

Journal of Clinical Medicine, 12(5), 1759. <https://doi.org/10.3390/jcm12051759>.

Croskerry, P. (2009a). «A Universal Model of Diagnostic Reasoning». *Academic Medicine*, 84(8), 1022. <https://doi.org/10.1097/ACM.0b013e3181ace703>.

Croskerry, P. (2009b). «Clinical cognition and diagnostic error: Applications of a dual process model of reasoning». *Advances in Health Sciences Education*, 14(1), 27-35. <https://doi.org/10.1007/s10459-009-9182-2>.

Croskerry, P., Singhal, G. & Mamede, S. (2013). «Cognitive debiasing 1: Origins of bias and theory of debiasing». *BMJ Quality & Safety*, 22(Suppl 2), ii58-ii64. <https://doi.org/10.1136/bmjqs-2012-001712>.

Cushman, F. & Morris, A. (2015). «Habitual control of goal selection in humans». *Proceedings of the National Academy of Sciences*, 112(45), 13817-13822. <https://doi.org/10.1073/pnas.1506367112>.

Cvetanova Vasileva, N. & Dimitrov Jekov, J. (2021). «Dynamics of Praxis Functions in the Context of Maturation of the Parietal and Frontal Brain Regions in the Period 4-6 Years of Age». En S. J. Baloyannis (Ed.), *Cerebral and Cerebellar Cortex - Interaction and Dynamics in Health and Disease*. IntechOpen. <https://doi.org/10.5772/intechopen.94091>.

Daw, N. D. & Shohamy, D. (s.f.). *The Cognitive Neuroscience of Motivation and Learning*. 28. <https://www.princeton.edu/~ndaw/ds08.pdf>.

De Neys, W. (2012). Bias and Conflict: «A Case for Logical

Intuitions». *Perspectives on Psychological Science*, 7(1), 28-38. <https://doi.org/10.1177/1745691611429354>.

De Neys, W. (2021). «On Dual- and Single-Process Models of Thinking». *Perspectives on Psychological Science*, 16(6), 1412-1427. <https://doi.org/10.1177/174569 41620964172>.

Dekker, S., Lee, N., Howard-Jones, P. & Jolles, J. (2012). «Neuromyths in Education: Prevalence and Predictors of Misconceptions among Teachers». *Frontiers in Psychology*, 3. <https://www.frontiersin.org/articles/10.3389/fpsyg.2012.00429>.

Delgado-Losada, M. L., Rubio-Valdehita, S., López-Higes, R., Campos-Magdaleno, M., Ávila-Villanueva, M., Frades-Payo, B. & Lojo-Seoane, C. (2023). «Phonological fluency norms for Spanish middle-aged and older adults provided by the SCAND initiative (P, M & R)». *Journal of the International Neuropsychological Society*, 1-11. <https://doi.org/10.1017/S135561772 3000309>.

DeMichelis, C., Ferrari, M., Rozin, T. & Stern, B. (2015). «Teaching for Wisdom in an Intergenerational High-School-English Class». *Educational Gerontology*, 41. <https://doi.org/10.1080/03601277.2014.994355>.

Díaz-Orueta, U. (2017). «Advances in Neuropsychological Assessment of Attention». En U. Díaz-Orueta, *The Role of Technology in Clinical Neuropsychology*. Oxford University Press. <https://doi.org/10.1093/oso/9780190234737.003.0012>.

Díaz-Orueta, U., Rogers, B., Blanco-Campal, A. & Burke, T. (2022). «The challenge of neuropsychological assessment of visual/visuo-spatial memory: A critical, historical review, and lessons for the present and future». *Frontiers in Psychology*, 13. <https://doi.org/10.3389/fpsyg.2022.962025>.

Doncel García, B. (2020). *Consideración integral del edadismo. Análisis de la relación entre estereotipos negativos del envejecimiento y las distintas dimensiones que conforman las personas mayores en dos contextos sociales distintos.* <http://addi.ehu.es/handle/10810/50608>.

Drachman, D. A. (2005). «Do we have brain to spare?». *Neurology*, 64(12), 2004-2005. <https://doi.org/10.1212/01.WNL.0000166914.38327.BB>.

Durning, S. J., Artino, A. R., Jr., Holmboe, E., Beckman, T. J., van der Vleuten, C. & Schuwirth, L. (2010). «Aging and Cognitive Performance: Challenges and Implications for Physicians Practicing in the 21st Century». *Journal of Continuing Education in the Health Professions*, 30(3), 153-160. <https://doi.org/10.1002/chp.20075>.

Elliott, B. L. & Brewer, G. A. (2019). «Divided Attention Selectively Impairs Value-Directed Encoding». *Collabra: Psychology*, 5(1), 4. <https://doi.org/10.1525/collabra.156>.

Extremera, N., Fernández, P., Mestre, J. M. & Guil, R. (s.f.). «Medidas de evaluación de la inteligencia emocional». *Revista Latinoamericana de Psicología*, 36. <https://www.researchgate.net/publication/2308870 71_Medidas_de_evaluacion_de_la_inteligencia_emo cional>.

Faßbender, R. V., Risius, O. J., Dronse, J., Richter, N., Gramespacher, H., Befahr, Q., Fink, G. R., Kukolja, J. & Onur, O. A. (2022). «Decreased Efficiency of Between-Network Dynamics During Early Memory Consolidation With Aging». *Frontiers in Aging Neuroscience*, 14, 780630. <https://doi.org/10.3389/fnagi.2022.780630>.

Fernández, A. L. (2014). *Neuropsicología de la atención. Conceptos, alteraciones y evaluación.* <https://www.researchgate.net/publication/273970215_Neuropsicologia_de_la_atencion_Conceptos_alteraciones_y_evaluacion>.

Fernández, M. A., Rebon-Ortiz, F., Saura-Carrasco, M., Climent, G. & Díaz-Orueta, U. (2023). «Ice Cream: New virtual reality tool for the assessment of executive functions in children and adolescents: a normative study». *Frontiers in Psychology*, 14, 1196964. <https://doi.org/10.3389/fpsyg.2023.1196964>.

Fernández, T. G. (2014). *Executive Functions in Children and Adolescents: The Types of Assessment Measures Used and Implications for Their Validity in Clinical and Educational Contexts.* <https://www.academia.edu/73053728/Executive_Functions_in_Children_and_Adolescents_The_Types_of_Assessment_Mea

sures_Used_and_Implications_for_Their_Validity_
in_Clinical_and_Educational_Contexts>.

Ferreira, D., Correia, R., Nieto, A., Machado, A., Molina,
Y. & Barroso, J. (2015). «Cognitive decline before the
age of 50 can be detected with sensitive cognitive measures». *Psicothema*, 27(3), 216-222. <https://doi.org/
10.7334/psicothema2014.192>.

Finch, C. E. (2009). «The neurobiology of middle-age has
arrived». *Neurobiology of Aging*, 30(4), 515-520; dis-
cussion 530-533. <https://doi.org/10.1016/j.neurobio
laging.2008.11.011>.

Franchin, L. (2022). Theory of Mind. En V. P. Glăvea-
nu (Ed.), *The Palgrave Encyclopedia of the Posible*
(pp. 1639-1644). Springer International Publishing.
<https://doi.org/10.1007/978-3-030-90913-0_3>.

Fraundorf, S. H., Caddick, Z. A., Nokes-Malach, T. J.
& Rottman, B. M. (2023). «Cognitive perspectives on
maintaining physicians' medical expertise: IV. Best
practices and open questions in using testing to en-
hance learning and retention». *Cognitive Research:
Principles and Implications*, 8(1), 53. <https://doi.
org/10.1186/s41235-023-00508-8>.

García Atencia, F. A. (2018). «Los sesgos cognitivos limi-
tantes del desarrollo de las competencias TIC en los
docentes». *Revista Logos, Ciencia & Tecnología*, 10(3).
<https://doi.org/10.22335/rlct.v10i3.536>.

García-Molina, A., Tirapu, J., Luna-Lario, P., Ibáñez-

Alfonso, J. & Duque, P. (2018). «Inteligencia y funciones ejecutivas». *Revista de Neurologia*.

Gazzaley, A. (2016). «Technology meets Neuroscience-A Vision of the Future of Brain Health». *International Journal of Psychophysiology*, 108, 3. <https://doi.org/10.1016/j.ijpsycho.2016.07.008>.

Gelves-Ospina, M., Benítez-Agudelo, J. C., Escalona-Oliveros, J. & Jaraba-Vergara, R. (2020). «Teoría de la mente y percepción social en adolescentes con TDAH y Trastorno negativista desafiante». *Tesis Psicológica*, 15(1), Article 1. <https://doi.org/10.37511/tesis.v15n1a5>.

González-Víllora, S. & Pastor-Viedo, J. C. (2012). «Relative Age Effect in Sport: Comment on *Perceptual and Motor Skills*», 115(3), 891-894. <https://doi.org/10.2466/25.05.PMS.115.6.891-894>.

Goodgold, S. & Cermak, S. (1990). «Integrating Motor Control and Motor Learning Concepts With Neuropsychological Perspectives on Apraxia and Developmental Dyspraxia». *The American Journal of Occupational Therapy: Official Publication of the American Occupational Therapy Association*, 44, 431-439. <https://doi.org/10.5014/ajot.44.5.431>.

Grossmann, I. (2017). «Wisdom and How to Cultivate It: Review of Emerging Evidence for a Constructivist Model of Wise Thinking». *European Psychologist*, 22. <https://doi.org/10.1027/1016-9040/a000302>.

Grossmann, I., Karasawa, M., Izumi, S., Na, J., Varnum, M. E. W., Kitayama, S. & Nisbett, R. (2012). «Aging and Wisdom». *Psychological Science*, 23. <https://doi.org/10.1177/0956797612446025>.

Grünbaum, A. (1973). «La causalidad y la ciencia de la conducta humana». <https://es.scribd.com/doc/102163779/LA-CAUSALIDAD-Y-LA-CIENCIA-DE-LA-CONDUCTA-HUMANA>.

Hahn, B., Wolkenberg, F. A., Ross, T. J., Myers, C. S., Heishman, S. J., Stein, D. J., Kurup, P. K. & Stein, E. A. (2008). «Divided versus selective attention: Evidence for common processing mechanisms». *Brain Research*, 1215, 137-146. <https://doi.org/10.1016/j.brainres.2008.03.058>.

Harrsen, K., Christensen, K., Lund, R. & Mortensen, E. L. (2021). «Educational attainment and trajectories of cognitive decline during four decades-The Glostrup 1914 cohort». *PloS One*, 16(8), e0255449. <https://doi.org/10.1371/journal.pone.0255449>.

Hartshorne, J. K. & Makovski, T. (2019). «The effect of working memory maintenance on long-term memory». *Memory & Cognition*, 47(4), 749-763. <https://doi.org/10.3758/s13421-019-00908-6>.

Heckman, J. (2007a). «The Economics, Technology and Neuroscience of Human Capability Formation». *Proceedings of the National Academy of Sciences of the United States of America*, 104, 13250-13255. <https://doi.org/10.1073/pnas.0701362104>.

Heckman, J. (2007b). *The technology and neuroscience of capacity.*

Helfer, K. (2015). «Competing Speech Perception in Middle Age». *American Journal of Audiology*, 24(2), 80-83. <https://doi.org/10.1044/2015_AJA-14-0056>.

Herculano-Houzel, S. (2012). «The remarkable, yet not extraordinary, human brain as a scaled-up primate brain and its associated cost». *Proceedings of the National Academy of Sciences of the United States of America*, 109 Supl 1, 10661-10668. <https://doi.org/10.1073/pnas.1201895109>.

Hernández, T. *Neuromitos en educación*. Plataforma editorial, Barcelona, 2015.

Hoffmann, M. A., Koch, I. & Huestegge, L. (2022). «Are some effector systems harder to switch to? In search of cost asymmetries when switching between manual, vocal, and oculomotor tasks». *Memory & Cognition*, 50(7), 1563-1577. <https://doi.org/10.3758/s13421-022-01287-1>.

Howard-Jones, P. (2014). «Neuroscience and education: Myths and messages». *Nature Reviews. Neuroscience*, 15. <https://doi.org/10.1038/nrn3817>.

Howell, A. J. & Watson, D. C. (2007). «Procrastination: Associations with achievement goal orientation and learning strategies». *Personality and Individual Differences*, 43, 167-178. <https://doi.org/10.1016/j.paid.2006.11.017>.

Hulleman, C. S., Schrager, S. M., Bodmann, S. M. & Harackiewicz, J. M. (2010). «A meta-analytic review of achievement goal measures: Different labels for the same constructs or different constructs with similar labels?». *Psychological Bulletin*, 136(3), 422-449. <https://doi.org/10.1037/a0018947>.

Iacoboni, M., Molnar-Szakacs, I., Gallese, V., Buccino, G., Mazziotta, J. C. & Rizzolatti, G. (2005). «Grasping the Intentions of Others with One's Own Mirror Neuron System». *PLOS Biology*, 3(3), e79. <https://doi.org/10.1371/journal.pbio.0030079>.

Iso-Markku, P., Kaprio, J., Lindgrén, N., Rinne, J. O. & Vuoksimaa, E. (2022). «Education as a moderator of middle-age cardiovascular risk factor-old-age cognition relationships: Testing cognitive reserve hypothesis in epidemiological study». *Age and Ageing*, 51 (2), afab228. <https://doi.org/10.1093/ageing/afab 228>.

Jones, B. J., Mackay, A., Mantua, J., Schultz, K. S. & Spencer, R. (2018). «The role of sleep in emotional memory processing in middle age». *Neurobiology of Learning and Memory*, 155. <https://doi.org/10.1016/j.nlm.2018.08.002>.

Jost, K., Bryck, R. L., Vogel, E. K. & Mayr, U. (2011). «Are Old Adults Just Like Low Working Memory Young Adults? Filtering Efficiency and Age Differences in Visual Working Memory». *Cerebral Cortex*, 21(5), 1147-1154. <https://doi.org/10.1093/cercor/bhq185>.

Karlsson, T., Adolfsson, R., Borjesson, A. & Nilsson, L.-G. (2003). «Primed word-fragment completion and successive memory test performance in normal aging». *Scandinavian Journal of Psychology*, 44(4), 355-361. <https://doi.org/10.1111/1467-9450.00355>.

Koziol, L. F., Joyce, A. W. & Wurglitz, G. (2014). «The neuropsychology of attention: Revisiting the "Mirsky model"». *Applied Neuropsychology. Child*, 3(4), 297-307. <https://doi.org/10.1080/21622965.2013.870016>.

Kretzschmar, A. (2021). *Character Strength and Fluid Intelligence*. <https://doi.org/10.17605/OSF.IO/6DW53>.

Kukolja, J., Göreci, D. Y., Onur, Ö. A., Riedl, V. & Fink, G. R. (2016). «Resting-state fMRI evidence for early episodic memory consolidation: Effects of age». *Neurobiology of Aging*, 45, 197-211. <https://doi.org/10.1016/j.neurobiolaging.2016.06.004>.

Kumpulainen, S., Avela, J., Gruber, M., Bergmann, J., Voigt, M., Linnamo, V. & Mrachacz-Kersting, N. (2015). «Differential modulation of motor cortex plasticity in skill- and endurance-trained athletes». *European Journal of Applied Physiology*, 115. <https://doi.org/10.1007/s00421-014-3092-6>.

Lefebvre, L. & Sol, D. (2008). «Brains, Lifestyles and Cognition: Are There General Trends?». *Brain, Behavior and Evolution*, 72(2), 135-144. <https://doi.org/10.1159/000151473>.

Lindbergh, C. A., Romero-Kornblum, H., Weiner-Light, S., Young, J. C., Fonseca, C., You, M., Wolf, A., Staffaroni, A. M., Daly, R., Jeste, D. V., Kramer, J. H. & Chiong, W. (2022). «Wisdom and fluid intelligence are dissociable in healthy older adults». *International*

Psychogeriatrics, 34(3), 229-239. Cambridge Core. <https://doi.org/10.1017/S1041610221000521>.

Linhartová, P., Širůček, J., Ejova, A., Barteček, R., Theiner, P. & Kašpárek, T. (2021). «Dimensions of Impulsivity in Healthy People, Patients with Borderline Personality Disorder, and Patients with Attention-Deficit/Hyperactivity Disorder». *Journal of Attention Disorders*, 25(4), 584-595. <https://doi.org/10.1177/1087054718822121>.

Linnenbrink-Garcia, L., Tyson, D. F. & Patall, E. A. (2008). «When are achievement goal orientations beneficial for academic achievement? A closer look at main effects and moderating factors». *Revue Internationale de Psychologie Sociale*, 21, 19-70.

Liu, Y. & Lachman, M. E. (2020). Education and Cognition in Middle Age and Later Life: The Mediating Role of Physical and Cognitive Activity. *The Journals of Gerontology. Series B, Psychological Sciences and Social Sciences*, 75(7), e93-e104. <https://doi.org/10.1093/geronb/gbz020>.

Lockwood, J., Daley, D., Townsend, E. & Sayal, K. (2017). «Impulsivity and self-harm in adolescence: A systematic review». *European Child & Adolescent Psychiatry*, 26(4), 387-402. <https://doi.org/10.1007/s00787-016-0915-5>.

Lorch, M. (2011). «Re-examining Paul Broca's initial presentation of M. Leborgne: Understanding the impetus for brain and language research». *Cortex; a Journal*

Devoted to the Study of the Nervous System and Behavior, 47(10), 1228-1235. <https://doi.org/10.1016/j.cortex.2011.06.022>.

Luna, B., Marek, S., Larsen, B., Tervo-Clemmens, B. & Chahal, R. (2015). «An Integrative Model of the Maturation of Cognitive Control». *Annual Review of Neuroscience*, 38(1), 151-170. <https://doi.org/10.1146/annurev-neuro-071714-034054>.

MacLeod, C. M., Jonker, T. R. & James, G. (2014). «The SAGE Handbook of Applied Memory». En *The SAGE Handbook of Applied Memory* (pp. 385-403). SAGE Publications Ltd. <https://doi.org/10.4135/9781446294703>.

Mandelman, S. & Grigorenko, E. (2012). *The Etiology of Intellectual Styles: Contributions from Intelligence and Personality* (pp. 89-107).

Mantovani-Nagaoka, J. & Ortiz, K. Z. (2016). «The influence of age, gender and education on the performance of healthy individuals on a battery for assessing limb apraxia». *Dementia & Neuropsychologia*, 10(3), 232-236. <https://doi.org/10.1590/S1980-5764-2016DN1003010>.

Márquez Sánchez, F. L., Martínez Espinosa, L. F., Troncoso Suárez, M. X. & Marulanda Páez, E. (2020). *Memoria episódica y operativa en adultos mayores sin deterioro cognitivo ¿un declive inevitable?* [Pontificia Universidad Javeriana]. <https://doi.org/10.11144/Javeriana.10554.745>.

Martin, T., Kemper, N. F., Schmiedek, F. & Habermas, T. (2023). «Lifespan effects of current age and of age at the time of remembered events on the affective tone of life narrative memories: Early adolescence and older age are more negative». *Memory & Cognition*, 51(6), 1265-1286. <https://doi.org/10.3758/s13421-023-01401-x>.

Martini, M., Zamarian, L., Sachse, P., Martini, C. & Delazer, M. (2019). «Wakeful resting and memory retention: A study with healthy older and younger adults». *Cognitive Processing*, 20(1), 125-131. <https://doi.org/10.1007/s10339-018-0891-4>.

Mather, M. & Carstensen, L. L. (2005). «Aging and motivated cognition: The positivity effect in attention and memory». *Trends in Cognitive Sciences*, 9(10), 496-502. <https://doi.org/10.1016/j.tics.2005.08.005>.

McDowd, J. M. (1986). «The Effects of Age and Extended Practice on Divided Attention Performance1». *Journal of Gerontology*, 41(6), 764-769. <https://doi.org/10.1093/geronj/41.6.764>.

Mcgrew, K. (2020, December 25). «The Brain Clock Blog: Toward a Science of Effective Cognitive Training - Claire R. Smid, Julia Karbach, Nikolaus Steinbeis». *The Brain Clock Blog*. <http://ticktockbraintalk.blogspot.com/2020/12/toward-science-of-effective-cognitive.html>.

McHugh, C., Zhang, R., Karnatak, T., Lamba, N. & Khokhlova, O. (2023). «Just wrong? Or just Weird? Investigating the prevalence of moral dumbfounding in non-Western samples». *Memory & Cognition*, 51(5), 1043-1060. <https://doi.org/10.3758/s13421-022-01386-z>.

Mediavilla, D. (2023, July 22). *Superancianos, un raro grupo de humanos que nos pueden enseñar cómo envejecer bien. El País.* <https://elpais.com/salud-y-bien estar/2023-07-22/superancianos-un-raro-grupo-de-humanos-que-nos-pueden-ensenar-como-envejecer-bien.html>.

Meltzer, M. A. (2023). «Learning facilitates dual-process face recognition regardless of holistic processing». *Memory & Cognition*, 51(6), 1416-1430. <https://doi.org/10.3758/s13421-023-01399-2>.

Middleton, M. J. & Midgley, C. (1997). «Avoiding the demonstration of lack of ability: An underexplored aspect of goal theory». *Journal of Educational Psychology*, 89, 710-718. <https://doi.org/10.1037/0022-0663.89.4.710>.

Miyawaki, A. & Schnitzer, M. (2007). «New technologies for neuroscience». *Current Opinion in Neurobiology*, 17, 565-566. <https://doi.org/10.1016/j.conb.2007.11.005>.

Moline, L. (2023). *Psychological and Biological Investigation of Attention: A Term that Evades Being Defined by Technical Constructs* [Tesis]. <https://baylor-ir.tdl.org/handle/2104/12129>.

Monteoliva, J. M., Ison, M. S. & Pattini, A. E. (2014). «Evaluación del desempeño atencional en niños: Eficacia, eficiencia y rendimiento». *Interdisciplinaria*, 31(2), 213-225.

Morales Plascencia, K. S., Morales Plascencia, K. S. & 398463. (2017). *Indicadores de declinación cognoscitiva en sujetos sanos adultos a través de la prueba de fluidez verbal y gráfica.* <https://hdl.handle.net/20.500.12371/167>.

Motomura, N., Seo, T., Asaba, H. & Sakai, T. (1989). «Motor learning in ideomotor apraxia». *The International Journal of Neuroscience*, 47 1-2. <https://doi.org/10.3109/00207458908987424

Mwilambwe-Tshilobo, L., Setton, R., Bzdok, D., Turner, G. R. & Spreng, R. N. (2023). «Age differences in functional brain networks associated with loneliness and empathy». *Network Neuroscience* (Cambridge, Mass.), 7(2), 496-521. <https://doi.org/10.1162/netn_a_00293>.

Naqvi, R., Liberman, D., Rosenberg, J., Alston, J. & Straus, S. (2013). «Preventing cognitive decline in healthy older adults». *CMAJ: Canadian Medical Association Journal = Journal de l'Association Medicale Canadienne*, 185(10), 881-885. <https://doi.org/10.1503/cmaj.121448>.

NETTER. (s.f.). *Netter. Cuaderno De Neurociencia Para Colorear: 9788491134572 - IberLibro.* <https://www.iberlibro.com/9788491134572/Netter-Cuaderno-Neurociencia-Colorear-8491134573/plp>.

Ninomiya, Y., Iwata, T., Terai, H. & Miwa, K. (2023). «Effect of cognitive load and working memory capacity on the efficiency of discovering better alternatives: A survival analysis». *Memory & Cognition*. <https://doi.org/10.3758/s13421-023-01448-w>.

Nogueras, R. *Por qué creemos en mierdas: Cómo nos engañamos a nosotros mismos*. Kailas, Madrid, 2020.

Nolan, C. (Director). (s.f.). *Memento (2000)*. <https://www.filmaffinity.com/es/film931317.html>.

OCDE. (s.f.). *La comprension del cerebro. El nacimiento de una ciencia del aprendizaje*. <https://book4you.org/book/17044702/48bc53>.

Ostrosky Solís, F., García Reyna, J. C. & Castañeda, M. (2003). «Deterioro cognoscitivo incipiente: Un estudio con SPECT de activación y neuropsicología». *Salud mental*, 26(4), 30-39.

Ostrosky Solís, F., Gómez Pérez, E. & Próspero García, O. (2003). «Desarrollo de la atención, la memoria y los procesos inhibitorios: Relación temporal con la maduración de la estructura y función cerebral». *Revista de neurología*, 37(6), 561-567.

Pang, C. (2017, January 31). «Understanding Gamer Psychology: Why Do People Play Games?». *Sekg*. <https://www.sekg.net/gamer-psychology-people-play-games/>.

Paparella, G., Rocchi, L., Bologna, M., Berardelli, A. & Rothwell, J. (2020). «Differential effects of motor skill acquisition on the primary motor and sensory cortices in healthy humans». *The Journal of Physiology*, 598. <https://doi.org/10.1113/JP279966>.

Peters, R. (2006). «Ageing and the brain». *Postgraduate Medical Journal*, 82(964), 84-88. <https://doi.org/10.1136/pgmj.2005.036665

Piper, B., Mueller, S. T., Talebzadeh, S. & Ki, M. J. (2016). «Evaluation of the validity of the Psychology Experiment Building Language tests of vigilance, auditory memory, and decision making». *PeerJ*, 4, e1772. <https://doi.org/10.7717/peerj.1772>.

Power, E., Code, C., Croot, K., Sheard, C. & González Rothi, L. J. (2010). «Florida Apraxia Battery-Extended and Revised Sydney (FABERS): Design, description, and a healthy control sample». *Journal of Clinical and Experimental Neuropsychology*, 32(1), 1-18. <https://doi.org/10.1080/13803390902791646>.

Quiroga, M. A., Román, F. J., De la Fuente, J., Privado, J. & Colom, R. (2016). «The Measurement of Intelligence in the XXI Century using Video Games». *The Spanish Journal of Psychology*, 19, 1-13. <https://doi.org/10.1017/sjp.2016.84>.

Reynolds, B. W., Basso, M. R., Miller, A. K., Whiteside, D. M. & Combs, D. (2019). «Executive function, impulsivity, and risky behaviors in young adults». *Neuropsychology*, 33(2), 212-221. <https://doi.org/10.1037/neu0000510>.

Rotblatt, L. J., Sumida, C., Etten, E. V. V., Turk, E. P., Tolentino, J. C. & Gilbert, P. E. (2015). «Differences in temporal order memory among young, middle-aged, and older adults may depend on the level of interference». *Frontiers in Aging Neuroscience*, 7. <https://doi.org/10.3389/fnagi.2015.00028>.

Rottman, B. M., Caddick, Z. A., Nokes-Malach, T. J. & Fraundorf, S. H. (2023). «Cognitive perspectives on maintaining physicians' medical expertise: I. Reimagining Maintenance of Certification to promote lifelong learning». *Cognitive Research: Principles and Implications*, 8(1), 46. <https://doi.org/10.1186/s41235 023-00496-9>.

Ruiz, J. C. *Evaluación neuropsicológica del procesamiento emocional en el envejecimiento normal, deterioro cognitivo leve y enfermedad de Alzheimer.* <https://riu ma.uma.es/xmlui/bitstream/handle/10630/12497/TD_CARDENAS_RUIZ_Jose.pdf?sequence=1&isAllo wed=y>.

Sacks, O. *El hombre que confundió a su mujer con un sombrero.* Anagrama, Barcelona, 2008.

Sal de Rellán-Guerra, A., Rey, E., Kalén, A. & Lago-Peñas, C. (2019). «Age-related physical and technical match performance changes in elite soccer players». *Scandinavian Journal of Medicine & Science in Sports*, 29(9), 1421-1427. <https://doi.org/10.1111/sms.13463>.

Sales, A., Redondo, R., Mayordomo, T., Satorres-Pons, E. & Meléndez, J. C. (s. f.). *Diferencias entre personas mayores sanas y con deterioro cognitivo leve en variables cínicas.* <https://www.viguera.com/sepg/pdf/revista/0602/602_0061_0067.pdf>.

Salthouse, T. (2012). «Consequences of Age-Related Cognitive Declines». *Annual Review of Psychology*, 63(1), 201-226. <https://doi.org/10.1146/annurev-psych-120710-100328>.

Salthouse, T. A. (2009a). «When does age-related cognitive decline begin?». *Neurobiology of Aging*, 30(4), 507-514. <https://doi.org/10.1016/j.neurobiolaging.2008.09.023>.

Salthouse, T. A. (2009b). «When does age-related cognitive decline begin?». *Neurobiology of Aging*, 30(4), 507-514. <https://doi.org/10.1016/j.neurobiolaging.2008.09.023>.

Salthouse, T. A. (2016). «Continuity of cognitive change across adulthood». *Psychonomic Bulletin & Review*, 23(3), 932-939. <https://doi.org/10.3758/s13423-015-0910-8>.

Sánchez, C. E. C. (2022). «Evaluación del deterioro cognitivo en mayores sanos». *Revista INFAD de Psicología. International Journal of Developmental and Educational Psychology.*, 1(2), Article 2. <https://doi.org/10.17060/ijodaep.2022.n2.v1.2439>.

Sardar, Z. (2020). «The smog of ignorance: Knowledge and wisdom in postnormal times». *Futures*, 120. <https://doi.org/10.1016/j.futures.2020.102554>.

Settels, J. & Leist, A. K. (2021). «Changes in neighborhood-level socioeconomic disadvantage and older Americans' cognitive functioning». *Health & Place*, 68, 102510. <https://doi.org/10.1016/j.healthplace.2021.102510>.

Shadyac, T. (Director). *Mentiroso compulsivo* (1997). <https://www.filmaffinity.com/es/film486831.html>.

Shakeel, M. K. & Goghari, V. M. (2017). «Measuring Fluid Intelligence in Healthy Older Adults». *Journal of Aging Research*, *2017*, 8514582. <https://doi.org/10.1155/2017/8514582>.

Shi, M., Li, Y., Sun, J., Li, X., Han, Y., Liu, Z. & Qiu, J. (2022). «Intelligence Correlates with the Temporal Variability of Brain Networks». *Neuroscience*. <https://doi.org/10.1016/j.neuroscience.2022.08.001>.

Shmuelof, L. & Krakauer, J. (2011). «Are We Ready for a Natural History of Motor Learning?». *Neuron*, *72*. <https://doi.org/10.1016/j.neuron.2011.10.017>.

Simperl, E., Cuel, R. & Stein, M. (2013). *Fundamentals of Motivation and Incentives* (pp. 19-30). <https://doi.org/10.1007/978-3-031-79441-4_2>.

Singh-Manoux, A., Kivimaki, M., Glymour, M. M., Elbaz, A., Berr, C., Ebmeier, K. P., Ferrie, J. E. & Dugravot, A. (2012). «Timing of onset of cognitive decline: Results from Whitehall II prospective cohort study». *BMJ (Clinical Research Ed.)*, *344*, d7622. <https://doi.org/10.1136/bmj.d7622>.

Slobodin, O., Cassuto, H. & Berger, I. (2018). «Age-Related Changes in Distractibility: Developmental Trajectory of Sustained Attention in ADHD». *Journal of Attention Disorders*, *22*(14), 1333-1343. <https://doi.org/10.1177/1087054715575066>.

Smid, C. R., Karbach, J. & Steinbeis, N. (2020). «Toward

a Science of Effective Cognitive Training». *Current Directions in Psychological Science*, 29(6), 531-537. <https://doi.org/10.1177/0963721420951599>.

Somberg, B. L. & Salthouse, T. A. (1982). «Divided attention abilities in young and old adults». *Journal of Experimental Psychology: Human Perception and Performance*, 8, 651-663. <https://doi.org/10.1037/0096-1523.8.5.651>.

STAHL, A. K. (s.f.). *Flores de un solo día.* <https://www.iberlibro.com/9788432211584/Flores-d%C3%ADa-1-COL.BIBLIOTECA.BREVE-Stahl-8432211583/plp>.

Stanley, J. & Krakauer, J. (2013). «Motor skill depends on knowledge of facts». *Frontiers in Human Neuroscience*, 7. <https://doi.org/10.3389/fnhum.2013.00503>.

Statsenko, Y., Habuza, T., Smetanina, D., Simiyu, G. L., Uzianbaeva, L., Neidl-Van Gorkom, K., Zaki, N., Charykova, I., Al Koteesh, J., Almansoori, T. M., Belghali, M. & Ljubisavljevic, M. (2021). «Brain Morphometry and Cognitive Performance in Normal Brain Aging: Age- and Sex-Related Structural and Functional Changes». *Frontiers in Aging Neuroscience*, 13, 713680. <https://doi.org/10.3389/fnagi.2021.713680>.

Staudinger, U. (1999). «Older and Wiser? Integrating Results on the Relationship between Age and Wisdom-related Performance». *International Journal of Behavioral Development*, 23. <https://doi.org/10.1080/016502599383739>.

Steel, P. (2007). «The nature of procrastination: A meta-analytic and theoretical review of quintessential self-regulatory failure». Psychol Bull 133: 65-94. *Psychological Bulletin*, 133, 65-94. <https://doi.org/10.1037/0033-2909.133.1.65>.

Stieger, M. & Lachman, M. E. (2021). «Increases in Cognitive Activity Reduce Aging-Related Declines in Executive Functioning». *Frontiers in Psychiatry*, 12. <https://www.frontiersin.org/articles/10.3389/fpsyt.2021.708974>.

Stillman, C. M., Donofry, S. D. & Erickson, K. I. (2019). «Exercise, Fitness and the Aging Brain: A Review of Functional Connectivity in Aging». *Archives of Psychology*, 3(4). https://doi.org/10.31296/aop.v3i4.98

Stodden, D., Goodway, J., Langendorfer, S., Roberton, M., Rudisill, M., Garcia, C. & Garcia, L. (2008). «A Developmental Perspective on the Role of Motor Skill Competence in Physical Activity: An Emergent Relationship». *Quest*, 60. https://doi.org/10.1080/00336297.2008.10483582

Stodden, D., Langendorfer, S. & Roberton, M. (2009). «The Association Between Motor Skill Competence and Physical Fitness in Young Adults». *Research Quarterly for Exercise and Sport*, 80. https://doi.org/10.1080/02701367.2009.10599556

Subramaniapillai, S., Rajagopal, S., Ankudowich, E., Pasvanis, S., Misic, B. & Rajah, M. N. (2022). «Age- and Episodic Memory-related Differences in Task-based

Functional Connectivity in Women and Men». *Journal of Cognitive Neuroscience*, 34(8), 1500-1520. <https://doi.org/10.1162/jocn_a_01868>.

Sudbury-Riley, L. & Edgar, L. (2016). «Why Older Adults Show Preference for Rational Over Emotional Advertising Appeals». *Journal of Advertising Research*, 56. <https://doi.org/10.2501/JAR-2016-048>.

Svence, D. (2015). *Correlation between Mindfulness, Coherence and Wisdom in Sample of Different Age Groups in Adulthood.* 4, 244-256. <https://doi.org/10.17770/SIE2015VOL4.348>.

Swain, T. L., Keeping, C. A., Lewitzka, S. & Takarangi, M. K. T. (2023). «I forgot that I forgot: PTSD symptom severity in a general population correlates with everyday diary-recorded prospective memory failures». *Memory & Cognition*, 51(6), 1331-1345. <https://doi.org/10.3758/s13421-023-01400-y>.

Taherdoost, H. (2022). «Neuroscience and Blockchain». *Archives in Neurology & Neuroscience*, 12. <https://doi.org/10.33552/ANN.2022.12.000794>.

Tampubolon, G. (2015). «Cognitive Ageing in Great Britain in the New Century: Cohort Differences in Episodic Memory». *PLOS ONE*, 10(12), e0144907. <https://doi.org/10.1371/journal.pone.0144907>.

Tanaka, H. & Toussaint, J.-F. (2023). «Editorial: Growth, peaking, and aging of competitive athletes». *Frontiers in Physiology*, 14. <https://www.frontiersin.org/articles/10.3389/fphys.2023.1165223>.

Tirapu-Ustárroz, J. *¿Para qué sirve el cerebro?: Manual para principiantes*. Desclée De Brouwer, Bilbao, 2010.

Towey, G. E., Fabio, R. A. & Caprì, T. (s.f.). *Measurement of attention*. 43. <https://www.researchgate.net/publication/339739768_Measurement_of_Attention>.

Tranter, L. J. & Koutstaal, W. (2008). «Age and Flexible Thinking: An Experimental Demonstration of the Beneficial Effects of Increased Cognitively Stimulating Activity on Fluid Intelligence in Healthy Older Adults». *Aging, Neuropsychology, and Cognition*, 15(2), 184-207. <https://doi.org/10.1080/13825580701322163>.

Tremblay, P. (2017). «Age differences in the motor control of speech: An fMRI study of healthy aging». *Human Brain Mapping*, 38(5), 2751-2771. <https://doi.org/10.1002/HBM.23558>.

Tubau, E., Colomé, À. & Rodríguez-Ferreiro, J. (2023). «Previous beliefs affect Bayesian reasoning in conditions fostering gist comprehension». *Memory & Cognition*. <https://doi.org/10.3758/s13421-023-01435-1>.

Tun, P. A. & Lachman, M. E. (2008). «Age differences in reaction time and attention in a national telephone sample of adults: Education, sex, and task complexity matter». *Developmental Psychology*, 44(5), 1421-1429. <https://doi.org/10.1037/a0012845>.

Unger, L. & Sloutsky, V. M. (2023). «Category learning is shaped by the multifaceted development of selective attention». *Journal of Experimental Child Psychology*, 226, 105549. <https://doi.org/10.1016/j.jecp.2022.105549>.

Urda, J. & Loch, C. (2013). «Social preferences and emotions as regulators of behavior in processes». *Journal of Operations Management*, 31. <https://doi.org/10.1016/J.JOM.2012.11.007>.

Vázquez-Moreno, A. (2022). «Impulsividad, funciones ejecutivas y aprendizaje: Una relación para reflexionar». *Boletín Científico de la Escuela Superior Atotonilco de Tula*, 9(17), 32-37. <https://doi.org/10.29057/esat.v9i17.8157>.

Veríssimo, J., Verhaeghen, P., Goldman, N., Weinstein, M. & Ullman, M. T. (2022a). «Evidence that ageing yields improvements as well as declines across attention and executive functions». *Nature Human Behaviour*, 6(1), Article 1. <https://doi.org/10.1038/s41562-021-01169-7>.

Veríssimo, J., Verhaeghen, P., Goldman, N., Weinstein, M. & Ullman, M. T. (2022b). «Evidence that ageing yields improvements as well as declines across attention and executive functions». *Nature Human Behaviour*, 6(1), Article 1. <https://doi.org/10.1038/s41562-021-01169-7>.

Webster-Cordero, F. & Giménez-Llort, L. (2022). «The Challenge of Subjective Cognitive Complaints and Executive Functions in Middle-Aged Adults as a Preclinical Stage of Dementia: A Systematic Review». *Geriatrics*, 7(2), 30. <https://doi.org/10.3390/geriatrics7020030>.

Yaffe, K., Bahorik, A. L., Hoang, T. D., Forrester, S., Jacobs, D. R., Lewis, C. E., Lloyd-Jones, D. M., Sidney,

S. & Reis, J. P. (2020). «Cardiovascular risk factors and accelerated cognitive decline in midlife: The CARDIA Study». *Neurology*, 95(7), e839-e846. <https://doi.org/10.1212/WNL.0000000000010078>.

Young, L. M., Gauci, S., Scholey, A., White, D. J., Lassemillante, A.-C., Meyer, D. & Pipingas, A. (2020). «Self-Reported Diet Quality Differentiates Nutrient Intake, Blood Nutrient Status, Mood, and Cognition: Implications for Identifying Nutritional Neurocognitive Risk Factors in Middle Age». *Nutrients*, 12(10), 2964. <https://doi.org/10.3390/nu12102964>.

Yuan, P., Voelkle, M. C. & Raz, N. (2018). «Fluid intelligence and gross structural properties of the cerebral cortex in middle-aged and older adults: A multi-occasion longitudinal study». *NeuroImage*, 172, 21-30. <https://doi.org/10.1016/j.neuroimage.2018.01.032>.

Zelazo, P. & Cunningham, W. (2007). «Executive Function: Mechanisms Underlying Emotion Regulation». *Handbook of Emotion Regulation*.

Zelazo, P. D. & Doebel, S. (2015). «The Role of Reflection in Promoting Adolescent Self-Regulation». En G. Oettingen & P. M. Gollwitzer (Eds.), *Self-Regulation in Adolescence* (pp. 212-240). Cambridge University Press. <https://doi.org/10.1017/CBO9781139565790.011>.

Zhang, H. & Diaz, M. (2023). «Task difficulty modulates age-related differences in functional connectivity during word production». *Brain and Language*, 240, 105263. <https://doi.org/10.1016/j.bandl.2023.105263>.

Escaneando este código encontrarás imágenes
y dibujos del cerebro, la bibliografía comentada
así como referencias, vídeos y enlaces relacionados
con la salud cerebral en la mediana edad.
Si quieres evaluar tu capacidad cognitiva rellena
el cuestionario que aparece en la web y, una vez rellenado,
te enviaremos los resultados de nuestros estudios.